LE GRAND ROMAN DES BACTÉRIES

Martine Castello
Vahé Zartarian

LE GRAND ROMAN DES BACTÉRIES

Peuvent-elles sauver le monde ?

Albin Michel

Collection Essais/Clés

Ouvrage publié sous la direction
de Patrice Van Eersel

ISBN 978-2-226-39297-8

Prologue

Pendant des millénaires, les humains ont vécu sans soupçonner l'existence des milliards d'êtres microscopiques qui les entouraient et qui vivaient même au-dedans d'eux. Ils étaient pourtant là, participant à toutes leurs activités, leur apportant maladies ou bienfaits, mais comme les humains ne pouvaient pas les voir, ils n'existaient pas. La vie telle qu'on la concevait comprenait uniquement ce que nous appelons aujourd'hui des organismes supérieurs, à savoir les animaux et les végétaux. Les représentations de ces derniers abondent, et ils tiennent souvent un rôle symbolique de premier plan dans de nombreuses mythologies : serpent, aigle, ours, chêne, hêtre, cerisier, etc. De microbes, point. Il faut attendre le XVIIe siècle et l'invention du microscope pour qu'ils entrent dans le champ de la conscience humaine. On les observera longtemps en les trouvant amusants avant de les tenir, au XIXe siècle, pour responsables des maladies, celles des hommes autant que celles des bêtes et des cultures.

Mais, depuis quelques décennies, le panorama commence à changer. On reconnaît dans les bactéries les premiers êtres vivants sur Terre, sur laquelle – on le sait aujourd'hui – elles ont régné sans partage pendant près de deux milliards d'années. On commence à entrevoir comment elles ont donné naissance aux êtres complexes. On sait aussi qu'elles sont indispensables à la survie des végétaux et des animaux, avec qui elles entretiennent des relations symbiotiques dont on commence seulement à mesurer l'importance et la complexité. On sait encore qu'elles ont joué un rôle majeur dans la création de l'atmosphère et la formation des minerais, un rôle qu'elles tiennent toujours. Sans cesse, on en découvre de nouvelles, aux capacités plus étonnantes les unes que les autres.

Fort de toutes ces connaissances qui s'accumulent, on entrevoit de nouvelles possibilités pour combattre les maladies, fabriquer des médicaments, des aliments, pour dépolluer notre planète, pour produire de l'énergie, simplifier des tas de processus industriels, etc.

Les bactéries nous plongent ainsi au cœur de passionnantes interrogations concernant aussi bien l'origine de la vie que notre devenir. Elles nous incitent à élargir nos conceptions. Ce ne sont pas des êtres insignifiants parce que minuscules. Ce ne sont pas des êtres à déconsidérer parce qu'à l'origine de quelques maladies. Les bactéries sont au cœur de l'organisation et du fonctionnement de tous les êtres complexes, l'homme y compris. Elles sont aussi à l'origine de cette vaste entité qu'est la biosphère. Bref, plus que les végétaux et les animaux, elles sont l'essence même de la vie sur Terre et leur message est riche d'enseignements. Une chaîne de solidarité mystérieuse nous relie à elles. Mais dans quel but ? Pourquoi ces êtres se sont-ils associés pour créer des animaux plus évolués, des êtres qui depuis peu les découvrent et les utilisent ? La question est ouverte. Les conséquences qui en découlent sont infinies.

Prologue

Ce livre se veut un panorama des connaissances nouvelles sur cet univers fascinant. Nous ne prétendons pas à l'exhaustivité ni à la rigueur irréprochable d'un manuel de biologie. Nous voulons juste raconter une histoire, celle de nos amies les bactéries, des êtres formidables sans qui nous n'existerions pas.

1.

Les découvreurs

Les précurseurs

De petits êtres invisibles

Depuis le néolithique, l'humanité se sert des fermentations et des oxydations bactériennes pour fabriquer des boissons, des aliments ou des vêtements, sans savoir que ce sont les bactéries butyriques qui nettoient les fibres de lin et de chanvre, les bactéries lactiques qui fabriquent beurre et fromages, les bactéries acétiques qui produisent vin et vinaigre. Grâce aux bactéries responsables de la fermentation alcoolique, notre espèce connaît depuis longtemps l'ivresse dionysienne. Le cidre et le vin furent à l'origine des breuvages sacrés destinés à ouvrir les portes de la connaissance lors des rituels d'initiation. Leur découverte fut-elle le fruit du hasard ou du destin ? Un jour, quelqu'un a oublié du jus de raisin qui a fermenté sans aigrir. L'homme l'a vu, l'a goûté et y a pris goût. C'est ainsi que d'expériences en coups de chance, les bactéries serviront les humains, sans que l'on soupçonne l'ombre de leur présence. Du moins les traditions premières, en respectant la nature, leur rendaient-elles inconsciemment justice. D'autres temps arrivèrent où savants et philosophes remplacèrent les sorciers et leur explication animiste du monde.

Ainsi, en Occident, deux théories s'affrontent dès l'Antiquité au sujet de la cause de l'apparition de tels phénomènes, et avec eux de celle de toute vie : la *génération spontanée*, de tendance matérialiste, et la *panspermie*, plus spiritualiste.

La génération spontanée, promue par Aristote, soutient que les animaux et les végétaux peuvent naître spontanément sur des minéraux ou des moisissures. On constate que les puces apparaissent dans un milieu poussiéreux, et on en déduit qu'elles naissent de la poussière, de la même manière que le beurre naît du lait et le vinaigre ou le vin du raisin. La théorie acquiert ses lettres de noblesse au XVIIIe siècle avec le grand naturaliste Buffon qui lui donne une assise logique. Il imagine des molécules organiques primaires et inaltérables qui se moulent pour prendre des formes diverses. Lorsqu'un être ainsi formé meurt, ses molécules de vie se séparent, puis se recomposent pour former un nouvel être. C'est ainsi qu'il avance dans les *Bulletins de l'Académie des sciences* que le crin des chevaux a la capacité de se transformer en vers de terre.

L'autre explication de la vie imaginée par les anciens est la panspermie. Selon cette hypothèse, l'univers est semé de germes de vie préexistants qui flottent dans l'air. Poussés par le vent céleste et nourris par la force de la chaleur ou de la Lune, ils se développent et sont à l'origine de toutes les transformations ou naissances. « L'âme divine de l'univers est dispersée partout en de multiples fragments porteurs de vie », explique Héraclite dès le IVe siècle avant notre ère.

La panspermie conduit à des intuitions souvent plus justes que la génération spontanée. Claude Perrault, dans son *Mémoire pour servir à l'histoire des animaux* daté de 1676, soutient ainsi que des petits êtres invisibles sont à l'origine de toute vie animale et végétale sur Terre. Mais la théorie se discrédite par ses excès. Déjà, dans l'Antiquité, Virgile faisait sourire les sceptiques lorsqu'il assurait d'une manière poétique que les juments andalouses pouvaient concevoir par la seule influence du vent. Pire : en 1637, a lieu au Parlement de Grenoble un étonnant procès. Une femme accusée d'adultère par son mari est innocentée sous la foi de quatre médecins panspermistes de la faculté de Montpellier. Elle a mis un enfant au monde pendant ses quatre années d'absence et nie toute infidélité. Les médecins expliquent que la dame, dormant avec la fenêtre ouverte, sans couverture et par une nuit étoilée, a tout simplement été fécondée par le Zéphyr. L'histoire ne dit pas ce qu'est devenu l'enfant du vent[1].

Le microscope

Panspermie et génération spontanée sont toujours les deux modèles que les savants ont en tête quand apparaissent les premiers microscopes, au tournant du XVIIe siècle. L'invention de cet appareil reste à éclaircir. On sait seulement qu'elle se situe entre 1590 et 1620. Pour certains, il faut chercher du côté de Galilée et des Italiens. Galilée a longuement parlé de sa lunette microscopique, nommée par lui « lunette à puces » et qu'il aurait fabriquée en 1610. D'un autre côté, on sait qu'en

1. Pierre Darmon, *L'homme et les microbes*, Fayard, 1999.

1590, une découverte a fait sensation en Hollande. Hans Jansen et son fils Zacharias, lunetiers dans l'île de Walcheren, ont eu l'idée d'associer deux lentilles pour observer des objets. Logique qu'une telle idée vienne dans une famille de lunetiers ! Mais pourquoi n'est-elle pas venue plus tôt, sachant qu'en Europe, on taille des lentilles pour les malvoyants depuis le XIIIe siècle ? Mystère.

Quel que soit le véritable inventeur de ce *perspicillus* qui ne s'appellera microscope qu'à partir de 1625, la possibilité de découvrir un univers nouveau grâce à cet appareil suscite d'emblée l'enthousiasme. Galilée et Jansen en fabriquent pour les grands de l'époque. Les philosophes et amateurs de l'observation de la nature se lancent aussi dans l'aventure. Contrairement à la lunette astronomique, le microscope ne subit pas les foudres des milieux cléricaux. Au contraire : en permettant de découvrir le monde de l'infiniment petit, il est l'instrument qui dévoile la perfection de l'œuvre divine. Une vue au microscope sera choisie pour dessiner l'abeille des armoiries du pape Innocent VIII.

Deux types d'appareils sont fabriqués à l'époque : des microscopes simples, sorte de grosse loupe formée d'une seule lentille convergente, et des microscopes composés, avec deux lentilles, qui donnent des images plus grandes et inversées. Année après année, sous les doigts d'amateurs aussi éclairés que bricoleurs, les instruments se perfectionnent. On observe d'abord des petits animaux familiers, mouche, abeille, puce, etc., puis d'autres, inconnus et de plus en plus petits. Et ce qui devait arriver arrive : les hommes finissent par découvrir les « animalcules », les « petits êtres », bref les « petites vies » ou *microbes*, comme on les appellera plus tard.

Kircher et Leeuwenhoek

On attribue généralement ce premier contact avec l'univers microbien à Athanasius Kircher (1602-1680), un jésuite allemand, responsable de la chaire de mathématiques au Collège romain. Déjà de son vivant, Kircher est considéré comme le « phénix des savants ». On le nomme aussi le « maître des cent arts », car il possède des connaissances dans presque tous les domaines. En correspondance régulière avec tous les penseurs de l'époque (près de deux mille lettres inédites en témoignent), il a écrit une quarantaine d'ouvrages sur des sujets aussi divers que l'architecture, l'astronomie, l'optique, les hiéroglyphes, la musique, la lumière, la géologie, le magnétisme, la biologie, l'alchimie ou la kabbale. Comme tout honnête homme de l'époque, il s'intéresse évidemment aux possibilités qu'offre le microscope. Il affirme dès 1659 avoir observé des « corpuscules vermiculés » dans le sang des malades atteints de la peste. Il les appelle *animalcula, serpentuli, virus* ou encore *vermiculi*, et avance qu'ils pourraient être apportés par des insectes et même être à l'origine des maladies.

L'idée n'est pas nouvelle. Elle a été proposée très tôt par les panspermistes. Dès 1519, von Hutten parle de « petits vers ailés », et le médecin suisse Paracelse de « petits germes vivants » pour expliquer la contagion de la syphilis. En 1546, Jérôme Frascator de Vérone, dans son *Traité sur les maladies contagieuses*, affirme l'existence (sans jamais les avoir vus mais en accord avec sa vision panspermiste) de petits organismes invisibles capables de se reproduire et de se multiplier. Il les nomme *contagium vivum* et les rend responsables de la syphilis et de la tuberculose. Ainsi Kircher ne fait-il que confirmer ces intuitions en observant pour la première fois au microscope ces petits bêtes dans le corps des pestiférés. Mais il en trouve aussi dans des produits sains, comme le lait, la viande, le vinaigre, le fromage ! Ce constat sème le doute. Comment expliquer que des petits êtres semblables puissent produire des effets si différents ? Mais les observations de Kircher, réalisées dans une ambiance quasi magique et décrites d'une manière approximative, ne permettent pas d'affirmer avec certitude qu'il a vraiment vu des bactéries.

Le doute n'est plus possible avec Antonie Van Leeuwenhoek (1632-1723) qui, comme Kircher, sera très célèbre de son vivant, mais pour cette seule raison. Pourquoi, sinon, verrait-on se précipiter dans sa demeure de Delft, en Hollande, le roi de Prusse Frédéric Ier, le tsar de Russie Pierre le Grand, le roi d'Angleterre Charles II, le grand-duc de Toscane et tout ce que l'époque compte comme gens célèbres, philosophes ou médecins ? Leeuwenhoek n'est pas un savant, juste un bourgeois tranquille et curieux. Il n'a pas fait d'études supérieures et possède seulement quelques rudiments d'arithmétique et de géométrie. Ce qu'il a appris, lui, c'est le commerce des textiles, il porte même le titre de maître drapier. À vingt-deux ans, il s'est marié avec une certaine Barbara De Mey. Ses économies et la dot de sa femme lui ont permis d'acheter dans sa ville natale de Delft un commerce de draps à l'enseigne de la Tête d'Or ainsi qu'une maison où naîtront six enfants. Tout en commerçant, il accomplit des tâches municipales peu contraignantes mais lucratives : inspecteur des poids et mesures, jaugeur des vins, huissier de la chambre des échevins. Antonie a pour voisin le peintre Jan Vermeer, son ami né la même année que lui. Ils se visitent et écoutent peut-être ensemble à l'église luthérienne les dernières cantates d'un certain Jean-Sébastien Bach. Mais rien de tout cela ne justifie la popularité de Leeuwenhoek, ni le fait qu'il soit considéré comme le père de la bactériologie par les livres d'histoire des sciences. À moins que, pour soulever le voile qui nous séparait des bactéries, un drapier n'ait été nécessaire ?

Leeuwenhoek utilise pour son travail un compte-fils, une sorte de grosse loupe de verre qui lui permet de compter le nombre de fils par unité de surface et apprécier ainsi la qualité des tissus. Comment a-t-il l'idée de l'utiliser pour observer d'autres objets ? On suppose que sa curiosité a été éveillée par un des grands succès de l'époque, le livre de l'Anglais Hooke, *Micrographia or Somc Philosophical Description of Minutes Bodies Made by Magnifiying Glasses* (*Micrographies, ou description philosophique des corps minuscules observés avec des lentilles grossissantes*). L'ouvrage décrit à l'aide de planches imagées les objets de la vie quotidienne vus au microscope, et aussi des végétaux, des insectes, les tissus de la peau, etc. Cela bouleverse les représentations habituelles. Bientôt Leeuwenhoek, avec son compte-fils, observe lui aussi avec émerveillement tout ce qui lui tombe sous la main. Pour parfaire la vision, il se met à tailler ses propres lentilles et à fabriquer des appareils. Nombre d'amateurs en font autant à l'époque, mais Leeuwenhoek, lui, note avec minutie tout ce qu'il observe. Pour chaque type d'observation, il invente un appareil spécifique. Il fabriquera ainsi 417 lentilles et plus de 247 microscopes, capables de fournir d'excellentes images avec des grossissements allant de 50 à 300 fois. Pour certaines, le microscope électronique ne fera pas mieux.

Pourtant, ces précieuses données seraient tombées dans l'oubli si notre drapier n'avait pas eu la chance de rencontrer Reinier De Graaf. Ce médecin hollandais, célèbre pour avoir découvert les follicules ovariens, est en contact avec la toute jeune académie scientifique anglaise, la Royal Society de Londres. Étonné par la qualité des travaux de Leeuwenhoek, il le recommande chaudement aux Anglais. À l'époque, l'institution accepte dans ses rangs à titre de correspondant, sans souci de titres ni de diplômes, quiconque apportera du nouveau pour la promotion de la connaissance naturelle. Pendant cinquante ans, Leeuwenhoek lui communiquera plus de deux cent cinquante lettres, rédigées en latin grâce à l'aide d'un ami assurant la traduction. Elles seront reproduites dans les journaux savants. De quoi lancer une réputation, qui prendra une allure de scandale quand le drapier osera une communication officielle sur un sujet tabou : les « animalcules spermatiques » qu'il vient d'observer dans le sperme d'humains et de toutes sortes d'animaux. Il pense qu'il s'agit d'embryons préformés. Mais pourquoi y en a-t-il autant ? « Plus de mille s'agitent dans un espace grand comme un grain de sable », écrit-il à la Royal Society. Cette observation est à l'origine d'une longue querelle sur la nature des spermatozoïdes. Elle ne sera close qu'en 1827 avec la découverte des mécanismes de la procréation.

Mais Leeuwenhoek s'implique peu dans ces débats. La découverte des petites vies le passionne bien davantage. En 1674, en effet, il décide d'observer avec l'un de ses appareils la chose la plus pure qui soit : une goutte d'eau de pluie. Et il voit pour la première fois

« les plus petites bêtes du monde ». Par la suite, il en trouvera à profusion dans l'eau de puits, l'eau des canaux, l'eau de mer, le tartre de ses dents, les poils du nez, les excréments, les aliments... Cette découverte le fascine plus que toute autre : « Parmi les merveilles de la nature, celle-ci est la plus merveilleuse, je n'ai jamais autant de plaisir que de voir le spectacle de tant de milliers de créatures vivantes dans une petite goutte d'eau, évoluant les unes sur les autres. » Leeuwenhoek les compare à des insectes. Elles mangent, se reproduisent, se déplacent. Il s'apitoie sur leur condition : « Ces animaux sont malheureux, dit-il, car ils évoluent souvent dans un milieu hostile. » Il observe avec tendresse leur façon de se transformer en spore au moindre danger. Il les décrit avec précision : les ronds, les unijambistes, ceux qui ont queue, ceux qui agitent leurs tentacules... Dans les excréments, il voit une foule d'animalcules « qui se déplacent avec beaucoup de grâce ». Il trouve aussi – déjà ! – que certains sont capables de vivre sans air (on parle aujourd'hui de bactéries anaérobies).

Cependant l'importance de cette découverte passe alors inaperçue. Leeuwenhoek, qui a observé le cycle de vie de vingt-six insectes réputés naître spontanément, se moque des partisans de la génération spontanée. Pour lui, ce ne sont que des fables. Dans la lignée des panspermistes, il croit que les animalcules sont portés par le vent, comme des germes de vie. Ces germes sont pour lui sexués et se reproduisent en pondant des œufs minuscules. Il ne fera jamais le lien entre maladies et animalcules, pour la même raison que Kircher : comment des petites bêtes trouvées dans l'eau qu'il boit tous les jours, mais aussi dans la bouche ou les intestins, pourraient-elles nous nuire ?

Toute sa vie, le drapier de Delft restera un curieux

actif, multipliant les expériences, allant même jusqu'à posséder son propre élevage de poux pour mieux observer leur mode de vie ! Quelques instants avant sa mort à quatre-vingt-dix ans, il s'inquiète encore de la traduction d'une dernière correspondance pour la Royal Society.

Les animalcules font le spectacle

Avec Leeuwenhoek, le monde microbien semble faire une entrée spectaculaire dans celui de la science. Ce n'est hélas qu'un faux départ. Pendant deux cents ans encore médecins et botanistes vont bouder le microscope. Les appareils s'installent comme des divertissements élégants dans les cabinets de curiosité ou les salons de l'aristocratie. On appelle *micrographes* les amateurs passionnés. Ainsi Louis Joblot, qui décrit avec poésie en 1718 l'univers des animalcules : certains ressemblent « à la navette du tisserand, à un crustacé avec une tête de Chinois, ou une grenade aquatique couronnée et barbue » ; ils évoluent comme « ferroient plusieurs danseurs qui prennent plaisir à divertir en compagnie tandis que d'autres, de forme ovale, s'accouplent comme des hannetons ».

Les rares médecins qui travaillent avec un microscope s'aperçoivent évidemment de la présence d'animalcules dans les humeurs des malades. Ils les soupçonnent en toute logique d'être à l'origine du mal. L'idée de *contagium vivum* flotte toujours dans l'air mais elle ne trouve pas plus d'écho dans les milieux savants qu'aux siècles passés. Elle est pourtant assez simple et évidente pour être reçue par le peuple. Dans les fêtes foraines, chacun peut observer des animalcules au microscope, même si les images sont souvent truquées. Pour se débarrasser d'eux, les apothicaires et autres charlatans peu scrupuleux proposent des potions magiques supposées anéantir animalcules, vermicules et autres « petits insectes invisibles ».

Ainsi ridiculisée, l'hypothèse microbienne est aussi boudée par les médecins pour une autre raison. Depuis l'Antiquité, ils expliquent l'origine des maladies en se référant à Hippocrate et à sa théorie des miasmes, sortes de fluides gazeux invisibles qui circulent dans l'air. Personne n'a jamais réussi à les observer mais leurs effets néfastes ne font aucun doute. Pour Hippocrate, ils se forment en fonction des conditions climatiques et météorologiques. Si, par exemple, l'hiver a été venteux et sec et le printemps chaud et pluvieux, l'été sera chargé de miasmes porteurs de maladies. Au fil des siècles, on leur attribue de nouvelles origines : les tremblements de terre, les éruptions volcaniques, le passage des comètes, les conjonctions astrales, et, pour finir, les exhalaisons putrides. Les médecins stigmatisent les « vapeurs morbifiques » qui planent sur les villages et les villes. On s'intéresse aux odeurs nauséabondes des marais, des canaux, puis aux exhalaisons produites par les cadavres en décomposition. Au XVIIIe siècle, les cimetières sont considérés comme des endroits dangereux pour la santé. Finalement, on en arrive à penser que « tout ce qui pue tue ».

Dans cette logique, pour chasser les miasmes, on aère les pièces, les chirurgiens opèrent fenêtre ouverte, de grands feux sont allumés pour purifier l'atmosphère. On utilise aussi des plantes qui suppriment les odeurs désagréables, genièvre, absinthe, girofle. Et en cas d'épidémie, on fait sonner les cloches des églises pour secouer le vent. Au milieu du XIXe siècle, la théorie prend encore de l'ampleur : on se méfie des atmosphères domestiques chargées d'odeurs corporelles ; les grandes chambrées sont réputées porteuses de miasmes morbides ; on vante les vertus des lieux privés. À la fin du siècle, précisément en 1892, le docteur Gueniot, fidèle jusqu'au bout à Hippocrate, accuse dans le *Bulletin de l'Académie des sciences* les odeurs d'égout d'être à l'origine des fièvres puerpérales. Ce sera l'un des derniers à incriminer les miasmes de tous les maux. La révolution pasteurienne est déjà en marche. Les savants ont découvert dans les microbes les responsables des maladies, et des moyens de s'en protéger. L'heure de grâce est terminée pour les petites vies.

La révolution pasteurienne

Louis Pasteur

Louis Pasteur (1822-1895), comme Kircher et Leeuwenhoek, a connu la gloire de son vivant. Pour son soixante-dixième anniversaire fêté en grande pompe à la Sorbonne, entouré d'un parterre de notoriétés politiques et scientifiques venues du monde entier, le discours du ministre de l'Instruction publique sent la canonisation laïque : « La France et le monde entier vous apportent aujourd'hui le témoignage de leur respect et de leur vénération. Qui pourra dire à cette heure ce que la vie humaine vous doit, ce qu'elle vous devra dans la suite des temps ? Un jour viendra où quelque nouveau Lucrèce chantera, dans un nouveau poème de la nature, le maître immortel dont le génie a enfanté de pareils bienfaits. » Une telle notoriété ne peut qu'éclipser dans l'histoire les travaux de ses collaborateurs Roux et Chamberland, les découvertes d'autres savants de l'époque comme Liebig, Davaine, Lister, Koch, etc., sans parler des victimes de l'aventure, comme Semmelweis, mort de chagrin de ne pas avoir converti les médecins à des pratiques d'asepsie. Mais Pasteur à lui seul symbolise tellement la nouvelle science et le nouveau regard sur les petites vies que son histoire frôle l'archétype. Elle résume l'évolution de la biologie dans un XIXe siècle où triomphe le scientisme.

Né à Dole dans une famille de tanneurs, c'est un enfant curieux et sage. Comme son père il admire Napoléon, et il peint jusqu'à l'âge de vingt ans des portraits de sa famille. C'est aussi un bon élève qui suit les cours de l'école d'Arbois et du collège de Besançon jusqu'à son baccalauréat ès lettres. Pour satisfaire les ambitions sociales de son père, il tente le concours de l'École normale supérieure de la rue d'Ulm. Il est reçu quinzième, ce qui lui donne accès à une demi-bourse. Ce n'est pas suffisant. Il monte à Paris et s'installe dans une petite pension pour recommencer l'année suivante. Comme beaucoup d'autres étudiants, il assiste alors, dans le grand amphithéâtre de la Sorbonne, à une conférence de Jean-Baptiste Dumas, le chimiste le plus renommé de l'époque. Cette rencontre va être décisive et orienter sa vocation. Dumas est un passionné qui traque la vie sous les réactions chimiques. Pasteur rêve immédiatement de le suivre sur cette voie. Reçu quatrième à l'École normale supérieure, il écrit à ses parents : « Avec de la science on est heureux, avec de la science on s'élève au-dessus des autres. »

Pendant ses études, il passe ses dimanches après-midi dans le laboratoire de Dumas à la Sorbonne. Il se tient au courant des dernières découvertes, ce qui le conduit à s'interroger sur les liens nécessaires entre la chimie, la physique et la cristallographie pour comprendre le vivant. En travaillant sur les cristaux de tartrate, il met le doigt sur la dissymétrie cristalline, le fait que les cristaux ont des propriétés différentes selon leur orientation droite ou gauche [1]. Par une intuition presque mystique, il lie cette découverte aux mécanismes de la vie. Nommé professeur de chimie à Strasbourg, il épouse la fille du recteur de l'université, Marie Laurent. La famille s'agrandit vite. Trois enfants vont naître en l'espace de cinq ans. Pour continuer ses recherches et faire vivre sa famille, il participe à un concours. La Société de pharmacie de Paris propose un prix de 1 500 francs à qui saura fabriquer en laboratoire des cristaux de paratartrate, c'est-à-dire des cristaux orientés à la fois à droite et à gauche. Il parcourt alors l'Europe à la recherche d'informations et gagne le prix... et une première renommée. Fort de ce succès, il veut maintenant « remonter à la source d'un des plus grands mystères de la nature et dont la connaissance aurait, il [lui] semble, des conséquences d'une portée incalculable », bref il veut recréer la vie en laboratoire. Il a convaincu son épouse que ces expériences lui apporteront la gloire. Pendant sept ans, il engloutira une partie de ses économies en achat d'appareils magnétiques, pour rien. Il finira par avouer son échec à son père : « Il faut être un peu fou pour entreprendre ce que j'ai entrepris. »

Pasteur a alors trente-deux ans. Il doute, déprime, erre dans Paris et ne fait plus rien, jusqu'au jour où ses amis, inquiets, lui dénichent une place de professeur et

1. Cette caractéristique appelée « chiralité » est aussi valable pour toutes les molécules du vivant.

doyen de la nouvelle faculté des sciences de Lille. Le fil d'Ariane est renoué. À la faculté, un industriel vient lui demander son aide : l'alcool de betterave qu'il fabrique tourne sans explication. Pasteur accepte avec enthousiasme de travailler pour lui, car cette recherche le ramène à ses préoccupations premières.

Pasteur et les fermentations

Lorsqu'il étudiait les cristaux, il avait observé une moisissure capable de séparer les formes droites et gauches des tartrates. Des moisissures actives agiraient-elles aussi dans les fermentations ? Pour expliquer le mécanisme de la fermentation, la thèse des réactions chimiques fait alors autorité. Elle est dans la lignée de la génération spontanée et des molécules de vie de Buffon. À côté, les vitalistes, enfants des panspermistes, pensent toujours que c'est un principe de vie qui est à l'origine des fermentations. Mais ils sont peu nombreux, étant même soupçonnés de spiritisme. Bref, ils ont une réputation sulfureuse comparable à celle des rares scientifiques qui, de nos jours, osent s'aventurer dans l'étude des phénomènes paranormaux.

Pasteur, lui, ne s'embarrasse pas de débats théoriques. C'est en chimiste qu'il aborde le problème, pas en biologiste, et il n'a pas d'idées préconçues. Disciple de Claude Bernard, il se fie à l'expérience pour trancher. Et c'est la vie qu'il n'a pas réussi à créer qu'il va trouver en observant au microscope le jus de betterave ! Au lieu de processus chimiques, il découvre en effet des levures actives, qu'il appelle des « globules ». Il réussit à les isoler, les nourrir, les faire bourgeonner et se reproduire. L'expérience a parlé : ce sont de véritables êtres vivants, et ces levures sont bien à l'origine de la fermentation, affirme Pasteur. Les vitalistes marquent un point. Par la suite, il étudiera la fermentation lactique, acétique, les levures de la bière, les maladies du vin, etc. Autant de découvertes faites pour des raisons pratiques : aider les industriels à régler leurs problèmes avec les fermentations. Pasteur, pionnier de la science appliquée, incite ses étudiants à quitter leurs laboratoires pour visiter les fabriques.

Mais il garde la nostalgie de ses travaux fondamentaux de la rue d'Ulm. Avec l'appui de Dumas, il sollicite sa mutation à l'École normale. Il l'obtient immédiatement. Le voilà à trente-sept ans administrateur de cette école et directeur des études scientifiques. Côté discipline, il est plutôt rigide, et il ne fait montre d'aucune éloquence. Ce n'est pas son talent, et puis il a la tête ailleurs. Il a obtenu l'autorisation d'installer un petit laboratoire dans le grenier de l'école pour poursuivre ses recherches sur les ferments.

Ses travaux accréditent de plus en plus l'idée que les micro-organismes à l'origine des fermentations proviennent de l'air, ce qui confirme les intuitions ancestrales des panspermistes. Voici le premier vrai coup porté depuis longtemps à la théorie de la génération spontanée qui se trouve alors au fait de sa gloire. « N'a-t-on pas vu des souris naître spontanément d'un linge souillé ? » Le plus fervent défenseur de cette thèse s'appelle Félix Pouchet, il est directeur du Muséum d'histoire naturelle de Rouen. Il écrit à Pasteur pour le rallier à ses idées. Mais cette demande produit l'effet inverse. Pasteur se prend au jeu et propose de clore définitivement le débat en le portant sur la place publique et en le soumettant au verdict de l'expérience. Il va s'ensuivre une querelle qui durera six années, à coup d'éprouvettes, de ballons d'eau bouillante, d'expertises et de contre-expertises devant l'Académie des sciences. Elle conduira nos deux chercheurs ennemis – héros de l'époque – sur les glaciers des Alpes, les sommets des Pyrénées, l'Etna. La querelle sera mise en scène, suivie par la presse, et aura des retentissements populaires immenses. Pasteur se fera traiter de « petit Paracelse » par Pouchet, qui sera à son tour qualifié d'« ignorant ». Et puis l'Académie finira par trancher : la génération spontanée en sort totalement disqualifiée.

La mort de cette théorie laisse cependant beaucoup de questions en suspens. Un nouveau débat est lancé sur la place publique pour savoir d'où viennent les germes. Les vitalistes évoquent un principe de vie caché dans les micro-organismes. Mais Pasteur clôt rapidement le débat : « Ce n'est pas le problème de la science de se poser des questions sur les causes premières, elles font partie du mystère et sont du domaine des sujets éternels de méditation solitaire. » Il oublie qu'il a voulu naguère recréer la vie en laboratoire, ou peut-être se souvient-il trop bien de son échec. Quoi qu'il en soit, voilà proclamée clairement la séparation entre deux mondes – la science et la philosophie –, si chère à la science moderne.

Si efficace aussi ! Pasteur met au point des cultures pures de levure qui stabilisent les procédés industriels de fermentation du vin et de la bière. Il sauve également les sériciculteurs français de la faillite en leur montrant comment lutter contre la maladie du ver à soie. En août 1868, pour service rendu à l'Empire, il est élevé par Napoléon III au rang de sénateur. Tout semble lui réussir quand, deux mois plus tard, il est terrassé par une attaque cérébrale. Il croit sa dernière heure venue : « Je regrette de mourir, dit-il, j'aurais voulu rendre plus de services à mon pays. » Il restera paralysé de la main et du bras gauches, mais il servira encore la France, car, pour Pasteur, « si la science n'a pas de patrie, l'homme de science doit en avoir une et c'est elle qui doit remporter l'influence que ses travaux peuvent avoir dans le monde ». Pionnier aussi dans ce domaine, Pasteur annonce certaines dérives des temps modernes : guerre des brevets, course au Nobel, recherches militaires, technoscience, politique du secret, de la compétition, de l'argent...

Pasteur et la vaccination

Mais une nouvelle fois le fil d'Ariane qui guide sa recherche va être renoué. Depuis plusieurs années, il soupçonne les germes de vie qui flottent dans l'air d'être à l'origine non seulement des fermentations, mais aussi des maladies animales et humaines. Instinctivement, il a fait sienne l'idée de *contagium vivum*. Il se lave les mains plusieurs fois par jour, inspecte soigneusement assiettes et verres, évite les contacts physiques avec d'autres personnes. Mais, sans preuve, il lui est difficile de faire admettre aux médecins que des êtres minuscules ont le pouvoir de terrasser des organismes aussi immenses qu'un homme ou un cheval. Surtout, il n'a pas autorité pour parler car il n'est pas des leurs. Pour faire passer ses convictions, il pose sa candidature à l'Académie de médecine. En 1873, il est reçu comme associé libre avec la ferme intention de faire triompher ses idées sur l'origine parasitaire des maladies infectieuses. Sa réputation joue, ses discours enflammés font mouche. Il est écouté par certains médecins qui prennent les premières mesures d'asepsie dans leur travail, avec des résultats positifs immédiats. À l'époque, dans les hôpitaux militaires, la mortalité par septicémie est huit fois supérieure à celle par balle ! Et que dire des hôpitaux civils ou des maternités, véritables antichambres de la mort.

Pour découvrir les responsables, Pasteur part à la chasse aux « microbes ». C'est ainsi que l'on appelle désormais les petites vies, depuis que le médecin Claude Sédillot les a baptisées pompeusement, le 11 mars 1878 à l'Académie des sciences, du grec *mikrobios* signifiant « vie courte ». Par prudence, Pasteur les traque d'abord sur les animaux malades. C'est aussi parce que les vétérinaires sont moins susceptibles que les médecins, sans compter qu'il est plus facile d'expérimenter sur les animaux. Il étudie la maladie du charbon, une infection qui décime de manière dramatique et récurrente moutons, bovins et chevaux. Puis il se penche sur le choléra des poules, qui fait autant de ravages. Comme souvent en science, le hasard vient en aide au chercheur. Il oublie une vieille culture de choléra des poules et, en l'inoculant à des animaux sains, s'aperçoit qu'elle ne les tue pas mais au contraire les protège de la maladie. Il fait de même avec le charbon. Des centaines d'animaux sont ainsi traités et sauvés. C'est encore un triomphe, Pasteur est déclaré bienfaiteur de l'agriculture et entre... à l'Académie française !

Cette renommée l'autorise à se sentir assez fort pour s'attaquer aux maladies humaines. Désormais il faut traquer les microbes partout sur les corps malades, les isoler, les cultiver : fièvre jaune, furonculose, panaris, etc. En 1883, une épidémie de choléra ravage l'Égypte. Pasteur envoie ses collaborateurs pour identifier le germe responsable, mais l'équipe allemande de Robert Koch le devance – il ne faudrait pas croire la France seule responsable du formidable développement de la science occidentale à l'époque. Déçu, Pasteur renonce à étudier les vaccins qui ne peuvent être expérimentés que sur l'homme, et se consacre à la rage, maladie commune à l'homme et aux animaux. La mortalité par morsure est insignifiante mais la maladie est chargée d'une aura de terreur. Il n'existe aucun remède. Pour éviter d'être mordus par les enragés, tout ce qu'on sait faire est de les étouffer entre deux oreillers.

Pasteur va traquer la rage dans la moelle épinière des chiens et sacrifier des centaines d'animaux. Mais tous ces sacrifices vont aboutir à la mise au point d'un vaccin, qui se montre efficace sur les chiens. Toujours soucieux du bien-être humain, il voudrait l'essayer sur des hommes, et propose à l'empereur du Brésil de le tester sur les condamnés à mort en échange de leur grâce. Mais l'empereur refuse. La chance vient à nouveau en aide à Pasteur. L'histoire a retenu le nom du petit Joseph Meister, mordu quatorze fois par un chien enragé, vacciné par le docteur Grancher, ami de Pasteur, et sauvé d'une mort atroce. Louis Pasteur est déclaré héros national ! Une souscription est levée pour créer un institut afin de vacciner à la chaîne, le vaccin contre la rage ayant la particularité de protéger avant et après l'infection. C'est la naissance en 1888 de l'Institut Pasteur [1].

Ce temple destiné à la toute jeune microbiologie représente le couronnement de sa carrière. Des chercheurs et des scientifiques viennent y travailler des quatre coins du monde. D'autres instituts en France et à l'étranger vont voir le jour. Les pasteuriens propagent partout sur la planète une nouvelle image de l'homme

1. Daniel Raichvarg, *Louis Pasteur, l'empire des microbes*, Gallimard, coll. Découvertes, 1995.

et de la maladie. Ils instaurent l'ère de la médecine technique. L'homme de l'art s'incline devant le diagnostic des laboratoires d'analyse, l'industrie pharmaceutique va remplacer apothicaires et herboristes.

La guerre aux microbes

Les découvertes de Pasteur viennent également renforcer les thèses des hygiénistes qui, depuis la révolution de 1789, se battent en vain pour l'assainissement des villes et des campagnes. Désormais, la guerre aux microbes est déclarée partout. Les premières lois de salubrité pour les communes et les immeubles naissent au début du XXe siècle. En France, la vaccination est rendue obligatoire en 1902, l'hygiène personnelle et collective est enseignée à l'école : lavage des mains, désinfection des objets contaminés et des locaux, tout-à-l'égout, stérilisation des tétines, etc. Les modes de vie et de pensée changent. D'autres bonds techniques aidant, l'aspirateur et le lave-vaisselle seront inventés non tant pour alléger la tâche des femmes que pour lutter contre les microbes. Des infirmières diplômées expertes en hygiène remplacent les religieuses dans les hôpitaux. Partout, des règles de prophylaxie s'installent. L'eau de Javel, inventée par le chimiste Claude Louis Berthollet en 1820 et produite de manière industrielle depuis 1868, voit son emploi se généraliser. Ses propriétés désinfectantes assainissent les eaux et font reculer dans les foyers le spectre de l'infection par les microbes.

Au cours du XXe siècle, on va découvrir des armes de plus en plus sophistiquées pour détruire les petites vies. À la pasteurisation mise au point par Pasteur lui-même (chauffage rapide à 85° ou 90° pendant 15 à 20 secondes) viennent s'ajouter les ultra-hautes températures (UHT), les basses températures, la congélation, la lyophilisation, l'irradiation et autres procédés destinés à neutraliser les microbes dans l'alimentation.

Dans les années 1940, les premiers antibiotiques font leur apparition. Ces substances sont produites à partir de microbes qui tuent d'autres microbes. Les antibiotiques vont faire merveille contre la méningite, les pneumonies, la tuberculose, la syphilis, les septicémies. Malheureusement, les bactéries vont vite s'organiser pour survivre. Cinq ans après l'utilisation de la pénicilline en milieu hospitalier, la moitié des souches de staphylocoques sont déjà devenues résistantes. Aujourd'hui, les chercheurs doivent faire face à des mutations et des adaptations de plus en plus rapides et étonnantes. Les microbes n'hésitent plus à franchir les barrières entre espèces, des germes endormis depuis des siècles se réveillent. Utilisant les transports modernes et profitant de nos modes de vie, ils voyagent sur toute la planète à grande vitesse. La guerre contre les méchants microbes serait-elle sans fin ?

Vers une nouvelle vision

À moins peut-être que nous ne portions un autre regard sur eux. La révolution pasteurienne, malgré tous ses bienfaits, a créé dans l'inconscient collectif une véritable phobie des petites bêtes. Or la peur est en elle-même un danger aussi grand que les microbes, tant pour l'esprit que pour le corps. Elle amplifie nos maux et perturbe nos comportements. Une épidémie de poliomyélite aux États-Unis, dans les années 1950, a eu pour origine un excès d'asepsie de l'environnement des enfants. La propreté excessive et les lavages trop fréquents empêchent la formation des défenses immunitaires. On constate encore de nos jours une prolifération de dermatoses et d'allergies de la peau, certainement liée à un excès d'hygiène qui provoque une destruction des bactéries protectrices.

Nous savons maintenant que cette peur est disproportionnée. Seule une infime partie des microbes sont pathogènes, et la plupart de ceux qui sont dangereux succombent à des règles d'hygiène élémentaires ou sous les assauts de notre système immunitaire et des microbes bienfaisants. On dit que la connaissance de l'autre est germe de paix. En ce début de XXIe siècle, des connaissances nouvelles s'accumulent, qui conduisent à voir les petites vies d'une manière complètement différente. Pour être juste, c'est sur un piédestal qu'il faudrait les installer.

Mais le modèle qui explique aujourd'hui la vie ne s'y prête pas. Nous avons laissé Pasteur enterrer la génération spontanée, brève victoire qui ne fut en réalité qu'une trêve. Car la théorie de la génération spontanée a refait surface dès le début du XXe siècle sous la forme d'une variante du darwinisme, appelée le néodarwinisme, qui tient encore le haut du pavé. L'essentiel de cette vision se résume en deux points :

1. Toute l'hérédité est contenue dans l'ADN.
2. La seule source de variabilité transmissible est la mutation au hasard du matériel génétique.

Ce second point signifie que, selon cette théorie, la vie de l'individu ne peut influer sur le bagage génétique. Si vous êtes né chétif et que, à force d'entraînement, vous vous êtes fait une superbe musculature, votre patrimoine génétique n'en sera pas changé, et vos descendants auront de fortes chances de naître chétifs comme vous. Selon le néodarwinisme, c'est seulement par des erreurs lors de la duplication de l'ADN que des changements peuvent se produire. La plupart de ces changements donnent des organismes qui ne sont pas viables. Seuls survivent ceux qui passent au travers du crible de la sélection naturelle, surmontant prédateurs, maladies, conditions climatiques, compétition pour l'espace, la nourriture, le sexe, etc. De là, la célèbre formule de Jacques Monod : « le hasard et la nécessité[1] », qui signifie que le hasard crée des mutations et que la nécessité retient celles qui sont viables.

Ce modèle explique bien certains aspects de l'évolution, notamment l'adaptation, mais il n'explique en aucun cas l'apparition d'espèces nouvelles. Son statut de véritable dogme a cependant longtemps stérilisé toute autre approche. Il faut dire à la décharge de Darwin et de ses successeurs qu'ils n'avaient pas grand-chose à se mettre sous les yeux : quelques bouts d'os d'animaux morts depuis longtemps, des animaux et des plantes vivants mais qui évoluent beaucoup trop lentement, des principes de sélection inspirés des pratiques des éleveurs et des horticulteurs, et plus récemment, quelques manipulations génétiques. À ne regarder la vie qu'à travers ses représentants les moins nombreux et les plus récents, il n'est pas surprenant que les biologistes soient longtemps passés à côté de l'essentiel. D'où cette vision extrêmement réductrice qui ramène toute la vie à une lutte égoïste des gènes pour leur survie. De quoi cautionner toutes nos peurs et justifier, au nom de la nature, la loi du plus fort. Comme toujours, les faits qui

1. Reprenant une formulation énoncée par le philosophe grec Démocrite, au ve siècle avant notre ère.

n'entrent pas dans ce cadre explicatif sont superbement ignorés, par exemple les coévolutions entre plantes et insectes, une ignorance qui permet à la majorité de continuer d'adhérer au dogme sans avoir à opérer de remises en cause douloureuses.

Cette vision incomplète est heureusement en passe de changer. D'abord, l'idée de Jean-Baptiste de Lamarck d'une hérédité des caractères acquis revient sur le devant de la scène sous la forme de l'hypothèse de l'hérédité épigénétique[1]. D'un autre côté, le concept de *principe vital*, longtemps entaché de soupçons d'occultisme et de spiritualité, réintègre le champ de la science grâce aux travaux de l'Anglais Rupert Sheldrake sur les champs morphogénétiques[2]. Enfin et surtout, l'observation des bactéries nous fait découvrir d'autres mécanismes évolutifs que la lutte de tous contre tous.

Avant de plonger tête la première dans la réalité extraordinaire de l'univers bactériel[3] – merveille inconcevable dont chacun de nous est une galaxie – nous allons vous proposer, amie lectrice, ami lecteur, de retourner un instant sur les bancs de l'école avec nous, pour passer en revue la nomenclature des êtres vivants tels que la science les appréhende en ce début de XXIe siècle. Nous verrons quelle place primordiale y occupent les bactéries. Surtout ne vous effrayez pas : nous reviendrons ensuite au style narratif qui sied à

1. « On n'hérite peut-être pas que de l'ADN », *Science et vie*, juin 2003.

2. Rupert Sheldrake, *Une nouvelle science de la vie*, éditions du Rocher, 1981.

3. D'après le titre de l'ouvrage de Lynn Margulis et Dorion Sagan, *L'Univers bactériel*, Albin Michel, 1989.

l'explorateur. Mais pour l'instant, nous allons apprendre deux ou trois choses bigrement intéressantes. Par exemple, que les bactéries sont capables de mettre leur matériel génétique dans un conteneur et de traverser l'espace et le temps pendant des milliers d'années, sans broncher, pour se réveiller un jour, quand les conditions sont redevenues bonnes. Nous y apprendrons aussi que la science avance à tâtons, par essais et erreurs successifs.

Parfois, le vestige d'une ancienne erreur reste gravé dans le vocabulaire savant. Ainsi, le terme « archéobactéries » semble-t-il vouloir désigner des êtres plus anciens que les « eubactéries », dont le nom sonne, lui, plutôt jeune. Eh bien, c'est presque le contraire : les archéobactéries sont des êtres extrêmement anciens, certes, mais moins simples que leurs cousines eubactéries. Par certains aspects, on pourrait dire qu'elles annoncent déjà les géants eucaryotes, c'est-à-dire les êtres comme vous et nous, les animaux, les plantes, les champignons ou les amibes : des vivants dont les cellules ont un noyau. Mais, sur ce plan, les archéobactéries sont bien des bactéries : elles n'ont pas de noyau contenant leurs gènes et elles sont mille fois plus petites que les cellules à noyau. Leur matériel génétique flotte en vrac dans leur petit cytoplasme, comme chez leurs ancêtres, les eubactéries, avec qui elles forment donc bien, mieux qu'un règne, un univers.

Le plus ancien univers vivant que nous connaissions – du moins à notre étape de la connaissance. L'univers fantastique des bactéries.

2.

Une diversité incroyable

Un univers dans une petite cuillère

Ramassons un peu de terre avec une petite cuillère. À première vue, cela n'a pas l'air de déborder d'activité. À y regarder de plus près, le panorama change du tout au tout. Sous l'œil grossissant du microscope, se dévoile un vaste univers tout grouillant de vie.

D'abord apparaissent de petits êtres ronds et potelés – près d'un million dans la cuillère. Ce sont des levures, semblables à celles qui font lever la pâte à pain ou fermenter la bière et le vin. Les levures de la famille des *Saccharomyces* ont été domestiquées par l'homme depuis déjà plusieurs milliers d'années. Elles transforment les sucres des grains de céréale et de raisin en gaz carbonique et en alcool. Dans le pain, les bulles de gaz sont emprisonnées dans la pâte et la font lever. L'alcool s'évapore à la cuisson mais laisse une trace au goût agréable. Pour le vin, c'est l'inverse : l'alcool reste et le gaz carbonique s'échappe. Le gaz est conservé uniquement pour faire des bulles quand on veut un vin pétillant.

Dans la petite cuillerée de terre, à côté de ce million de levures, se trouvent aussi des moisissures, sortes de champignons microscopiques, environ 200 000. Elles se présentent sous forme de filaments enchevêtrés. Grâce à leurs puissantes enzymes, les moisissures sont capables de décomposer pratiquement toute la matière organique. Elles jouent un rôle de premier plan pour transformer un tas d'épluchures en compost ou une litière de feuilles et de branches en humus.

Beaucoup moins nombreuses quoique plus complexes, environ 10 000 amibes sont en chasse, en quête de leurs proies favorites, les bactéries. Ces dernières prolifèrent littéralement : près d'un milliard se bousculent dans ces quelques centimètres cubes de terre. On les retrouve partout sur la planète, aussi bien dans le sous-sol à des kilomètres de profondeur que dans des sources chaudes au fin fond des océans. Elles existent peut-être même dans l'espace. Elles habitent sur et dans le corps des êtres vivants complexes. Nous en portons près de 100 000 sur chaque centimètre carré de notre peau, et notre corps en contient au total près de 100 grammes.

Très peu de bactéries sont nocives. La plupart sont utiles et même indispensables aux autres êtres vivants, qui, sans elles, ne survivraient pas. Les bactéries sont la forme de vie la plus abondante, variée et adaptable de la Terre. Leur masse est estimée à vingt-cinq fois celle de tous les animaux marins et terrestres réunis. C'est aussi la forme de vie la plus ancienne : les bactéries étaient déjà présentes il y a plus de 3,5 milliards d'années et sont restées la seule forme de vie pendant près d'un milliard d'années. C'est leur histoire que nous allons vous raconter. Mais il nous faut d'abord faire connaissance avec elles, apprendre à ne plus les confondre avec les levures, les amibes et autres petits êtres microscopiques que nous ne saurions même pas reconnaître si nous les voyions. Ce chapitre sera peut être un peu scolaire, mais prenez le temps de le lire. C'est une introduction utile pour comprendre leur histoire.

Diversité des microbes

Aujourd'hui, les biologistes qui ont repris le flambeau de Leeuwenhoek et de Pasteur ne parlent plus de bactéries mais d'*eubactéries*, une vaste famille dans laquelle ils regroupent toutes sortes de « petites vies » qui présentent comme caractéristiques, entre autres, d'être dépourvues de noyau. Ils ont aussi découvert un autre groupe de microbes qui, bien que très proches des eubactéries, présentent néanmoins suffisamment de différences pour justifier leur classement dans une nouvelle famille. Il s'agit des *archéobactéries*. Enfin, ils ont regroupé sous le vocable d'*eucaryotes* tous les êtres vivants terrestres apparus par la suite. Les deux premières lignées sont constituées d'êtres unicellulaires sans noyau ; la dernière, d'êtres uni- ou pluricellulaires dotés d'une ou de plusieurs cellules à noyau. Dans cette dernière famille, nous retrouvons certaines petites vies comme les amibes, mais aussi les plantes, les animaux et les hommes.

Les eubactéries

Que ce soit du point de vue physiologique ou morphologique, les eubactéries constituent un groupe extrêmement diversifié, au point qu'on ne peut énoncer à leur propos que des généralités. Nous dévoilerons quelques-unes de leurs caractéristiques plus singulières et étonnantes par la suite.

Morphologiquement, on distingue les *coques* de forme sphérique (par exemple les streptocoques), les *bacilles* en forme de bâtonnet (comme le terrible bacille de la peste), les *vibrions* incurvés en forme de virgule (comme le non moins terrible vibrion cholérique), les *spirilles* en forme de tire-bouchon (comme *Azospirillum*, une bactérie fixatrice d'azote).

Les eubactéries présentent une grande variété de métabolismes. On distingue tout d'abord les *anaérobies*, les plus anciennes, qui ne tolèrent pas l'oxygène, les *aérobies* qui en ont besoin, et entre les deux, les *aérobies facultatives* qui peuvent vivre avec ou sans oxygène.

On classe aussi les eubactéries selon la source d'énergie qu'elles emploient. Il y a les *hétérotrophes* et les *autotrophes*. Les premières tirent leur énergie de composés organiques, c'est-à-dire qu'elles dépendent d'autres êtres vivants. Il s'agit par exemple des bactéries fixatrices d'azote qui vivent en symbiose dans les racines de nombreuses plantes, ou de celles qui habitent le système digestif des bovins, où elles décomposent les matières végétales, assurant une bonne partie de la nutrition de leur hôte.

Les autotrophes quant à elles fabriquent directement leur nourriture à partir du gaz carbonique. L'énergie nécessaire peut provenir de la lumière, auquel cas on parle de *photoautotrophes*, à l'exemple des cyanobactéries, proches en cela des algues. L'énergie peut aussi provenir de l'oxydation de composés azotés, sulfurés ou autres, auquel cas on parle de *chimioautotrophes*.

Pour se reproduire, les eubactéries se multiplient habituellement par scissiparité : la cellule se divise transversalement lorsque l'ADN s'est lui-même dédoublé. Le renouvellement des générations ne prend que vingt à quarante minutes. En vingt-quatre heures, une seule bactérie pourrait donner un milliard de milliards de descendants identiques, s'il y avait de quoi les nourrir. Ce taux de prolifération très élevé explique leur omniprésence : le milliard dans la petite cuillerée de terre mais aussi 25 millions dans un centimètre cube de lait.

Cette reproduction à l'identique se voit complétée par trois autres systèmes (la transformation, la transduction et la conjugaison) dont le but semble être de permettre, outre une reproduction sous différentes conditions environnementales, un brassage du matériel génétique. Ce n'est pas une sexualité à proprement parler, où deux cellules s'unissent, chacune contribuant pour moitié au bagage génétique de la nouvelle cellule. Entre eubactéries, il y a seulement échange de fragments d'ADN, venant en complément de l'échange de plasmides. Mais certaines bactéries sont déjà différenciées en bactéries mâles et femelles, amorçant un début de différenciation sexuelle. Dans tous les cas, ces échanges primitifs confèrent aux eubactéries d'énormes facultés d'adaptation et une grande diversité qui leur permettent de vivre partout, ou presque.

Et même si les conditions se dégradent tellement qu'une vie normale n'est plus possible, tout n'est pas perdu pour elles. Certaines sont capables de fabriquer des spores qui résistent pratiquement à tout et de se mettre en état de dormance en attendant des jours meilleurs. La cellule duplique son ADN et l'entoure d'une barrière extrêmement résistante. Tandis que la cellule mère se désintègre, la spore traverse sans dommages toutes sortes de conditions épouvantables : absence totale d'eau ou d'air, froid ou chaleur extrêmes, poisons de toutes sortes, radiations, etc. L'état de dormance, c'est-à-dire la suspension de toutes les fonctions métaboliques, peut durer des mois, des années, voire des milliers d'années, jusqu'à ce que les conditions redeviennent propices à l'essor de la bactérie. Nous y reviendrons car cette particularité ouvre des perspectives étonnantes.

Les eubactéries présentent toutes la même structure, semblable aussi à celles des archéobactéries. En allant du dehors vers le dedans, on rencontre successivement :

– une paroi cellulaire, qui protège la cellule ;

– une membrane cytoplasmique qui délimite le cytoplasme et régule les échanges avec l'extérieur ;

– le *cytoplasme* est une masse transparente plus ou moins visqueuse, faite pour l'essentiel d'eau, où flottent de nombreuses substances minérales et organiques, ainsi que les organites cellulaires ;

– les *organites* sont des structures stables qui remplissent des fonctions particulières ; elles sont plus simples et moins nombreuses chez les bactéries que chez les eucaryotes ; les principaux sont ici les *ribosomes*, qui servent à la synthèse des protéines ;

– enfin, il y a le matériel génétique, constitué d'un ADN qui flotte librement dans le cytoplasme ; il se présente sous la forme d'une simple boucle ; certains chercheurs parlent d'un chromosome unique tandis que d'autres préfèrent réserver ce terme aux eucaryotes ;

– à côté de la grande boucle d'ADN, on trouve aussi des boucles plus petites appelées *plasmides* ; ils portent notamment des gènes de résistance et présentent la particularité d'être très facilement transmissibles d'une cellule à une autre, ce qui confère au monde bactérien d'extraordinaires capacités d'adaptation.

Les archéobactéries

Les archéobactéries ressemblent tellement aux eubactéries que les deux groupes ont longtemps été confondus sous la même appellation de *procaryotes*. Il a fallu attendre les avancées de la biologie moléculaire pour pouvoir les distinguer. Plus de la moitié des gènes des archéobactéries sont uniques et ne se retrouvent pas dans les organismes d'autres règnes. Il n'empêche qu'elles ont énormément en commun avec les eubactéries. En particulier, ce sont des cellules sans noyau, aux formes très variées, dont le mode de reproduction habituel est principalement la scissiparité.

Une des particularités bien visibles des archéobactéries est leur capacité à vivre dans des environnements que nous qualifierions d'hostiles, voire d'impropres à la vie. C'est avec surprise qu'elles furent découvertes dans des sources d'eaux très chaudes, dans des lacs salés, etc., d'où le surnom d'*extrémophiles* qui leur fut attribué au début. On distingue :

– les *thermophiles*, capables de vivre dans des eaux très chaudes, au-delà de 100 °C ;

– les *acidophiles*, qui prolifèrent à un pH de 1 ou 2 et meurent à un pH de 7 [1], tandis que les *alcalophiles* ou *basophiles* aiment les milieux où le pH atteint 9 à 11 ;

– les *halophiles* quant à elles aiment le sel, jusqu'à des concentrations de 30 %, soit neuf fois la salinité de

1. Le pH est une mesure du degré d'acidité ; une solution fortement acide, contenant par exemple de l'acide chlorhydrique ou sulfurique ou nitrique, a un pH très bas ; inversement, une solution fortement alcaline, contenant par exemple de la soude ou de la potasse, a un pH élevé ; un pH de 7 correspond au point neutre, ni acide ni basique, comme l'eau distillée.

l'eau de mer ; elles se développent avec bonheur sur le poisson salé, produisant un pigment rouge caractéristique ;

– les *barophiles* supportent des pressions très élevées, jusqu'à plusieurs tonnes au centimètre carré.

Les archéobactéries ne sont pas cantonnées aux milieux extrêmes. On les trouve aussi dans les océans aux côtés de l'habituel plancton. Elles représentent 34 % de la biomasse au large des côtes de l'Antarctique.

Mais ce sont évidemment les extrémophiles qui sont les plus fascinantes. Comment font-elles pour vivre et se développer là où tout autre être vivant se désintègre ? Précisons bien qu'elles ne sont pas présentes dans ces milieux à l'état de spores dormantes. Elles sont bel et bien vivantes, actives ; elles se reproduisent et périclitent ou meurent lorsque les conditions deviennent trop clémentes. Ainsi *Pyrolobus fumarii*, une bactérie trouvée dans une cheminée hydrothermale au fond de l'Atlantique, supporte jusqu'à 113 °C, se reproduit de manière optimale à 106 °C, mais ne se divise plus si la température tombe à 80 °C. Et des variantes de cette bactérie découvertes dans des cheminées volcaniques se reproduisent à 121 °C et survivent à 131 °C.

Leur résistance reste pour beaucoup mystérieuse. Les recherches avancent cependant. Voici ce qu'on a découvert chez les thermophiles : les lipides de la membrane ont une structure particulière où manquent certains acides gras, ce qui leur permet de mieux résister aux hautes températures ; les protéines sont stabilisées par un plus grand nombre de liaisons chimiques entre acides aminés (au contraire des amoureuses du froid, les *psychrophiles*, qui ont des protéines plus souples) ; quant à l'ADN, elles possèdent une enzyme très particulière, la *gyrase inverse*, qui empêche l'hélice de s'ouvrir sous l'effet de la chaleur.

Les chercheurs travaillent d'arrache-pied pour les comprendre et les mettre à notre service. Déjà certaines sont employées pour produire, à partir de déchets, du méthane servant de combustible. Mais de nombreuses autres applications sont envisagées, que nous détaillerons plus loin, dont le tableau ci-dessous donne des exemples :

Organismes	*Applications*
psychrophiles (qui aiment le froid)	transformations alimentaires, détergents pour lavage à froid
thermophiles (qui aiment le chaud)	transformations alimentaires, récupération de pétrole, production de médicaments
halophiles (qui aiment les environnements salés)	fabrication de médicaments, purification de médicaments de synthèse, récupération de pétrole
acidophiles (qui aiment les environnements acides)	synthèse en milieu acide, fabrication d'aliments pour animaux
alcalophiles (qui aiment les milieux alcalins)	détergents, traitements des textiles

Les eucaryotes

Qu'il s'agisse d'individus pluricellulaires, comme les animaux, ou unicellulaires, comme les protozoaires, la structure de leurs cellules est très semblable, et en même temps très différente de celle des procaryotes. Ce n'est pas juste une affaire de noyau qui renferme le matériel génétique et qui est à l'origine de ces dénominations – *eucaryote* signifiant exactement « vrai noyau » et *procaryote*, « avant noyau », que l'on traduit généralement par « sans noyau ». Il y a d'autres différences importantes, comme l'existence de plusieurs chromosomes, de mitochondries, d'un cytosquelette, etc.

Parmi les membres les plus simples de l'immense règne des eucaryotes, auxquels les plantes, les animaux et donc l'homme appartiennent, citons les algues, les champignons et les protozoaires.

Comme les plantes, les algues captent l'énergie du Soleil. Elles représentent le premier maillon de la chaîne alimentaire aquatique. Les algues microscopiques les plus communes sont les algues vertes, dont la plupart des espèces font partie du plancton tandis que d'autres voilent de vert les murs et l'écorce des arbres, et les algues rouges ou brunes, comme les diatomées qui se fabriquent de toutes petites coques en silice aux formes magnifiques.

Quand on évoque les champignons, on pense en premier aux espèces communes de nos forêts comme les cèpes, les morilles, les amanites, etc. Ce ne sont en fait que les représentants les plus évolués d'un vaste règne qui comprend d'abord d'innombrables levures et moisissures. Parmi elles, *Saccharomyces cerevisiae* dont nous avons déjà évoqué la famille, levure qui fait lever le pain et transforme le raisin en vin, ou *Penicillium*, moisissure qui fait les veines bleues du roquefort et la pénicilline. Célèbre aussi, *Phytophtora infestans* qui, au XIXe siècle, s'est attaquée aux champs de pommes de terre en Irlande et a causé une énorme famine. Les champignons sont responsables chaque année de la perte d'au moins un tiers des récoltes de fruits et de légumes dans le monde. Mais ils savent aussi vivre en symbiose avec de nombreuses plantes, leur apportant les sels minéraux dont elles ont besoin en échange de sucres qu'elles synthétisent.

Les protozoaires représentent un grand groupe d'organismes dont la principale caractéristique est d'être formés d'une seule cellule vivante eucaryote. Le mot signifie « premier animal », et ils ont été ainsi nommés parce qu'ils sont mobiles et s'attaquent à d'autres microbes pour se nourrir. Parmi les plus connus, on peut citer : les *flagellés*, qui possèdent un ou plusieurs flagelles pour se déplacer ; les *ciliés*, au corps garni de petits cils et dont le représentant le plus connu est la paramécie ; les *amibes*, qui se déplacent en déformant leur corps, créant des pseudopodes, c'est-à-dire des faux pieds ; les *radiolaires* qui possèdent une coquille siliceuse souvent très élégante.

Relevons quelques différences importantes entre la structure des cellules eucaryotes (les protozoaires ou les cellules humaines par exemple) et celle des procaryotes (des cellules sans noyau que sont les bactéries et les archéobactéries). Citons notamment l'existence de chromosomes, d'organites particuliers et d'un cytosquelette.

Les *chromosomes* sont des bâtonnets courts, généralement courbés ou en forme de V, divisés en deux bras par une constriction appelée centromère. Dans un chromosome, l'hélice d'ADN est enroulée sur elle-même en une super-hélice. Le nombre de chromosomes dans une cellule est constant pour chaque espèce. De plus, dans une cellule normale, il y a deux exemplaires de chaque chromosome identiques par la forme et la taille. De là un processus de division cellulaire beaucoup plus compliqué que la simple scissiparité des procaryotes.

Les eucaryotes possèdent en outre des *organites* caractéristiques que sont les mitochondries, les *chloroplastes* et l'appareil de Golgi. Retenons surtout les deux premiers du fait de leur probable origine bactérienne. Les mitochondries sont des centres de production d'énergie. Elles possèdent leur propre ADN, indépendant de celui de la cellule, ce qui laisse à penser qu'elles descendraient d'anciennes bactéries. *Idem* pour les chloroplastes, présents uniquement chez les algues et les végétaux où ils servent à la photosynthèse, captant l'énergie lumineuse pour synthétiser des sucres.

La cellule possède aussi un *cytosquelette* qui lui donne sa forme et soutient les organites. Il s'agit d'un enchevêtrement de filaments et de tubules à l'intérieur du cytoplasme.

Voilà pour un très rapide aperçu des eucaryotes unicellulaires, juste pour sentir ce qui les différencie de notre sujet principal, les bactéries. Pour la même raison, jetons un petit coup d'œil aux virus.

Les virus

Les virus sont des êtres étranges, à la frontière entre le vivant et le non-vivant. La plupart du temps, tandis qu'ils sont suspendus dans l'air ou posés sur le rebord d'un verre, ils sont totalement inertes, autant sinon plus qu'un caillou. La plupart sont d'ailleurs très fragiles et facilement détruits par la chaleur, l'alcool ou l'eau de Javel. Ils ne deviennent dangereux et actifs qu'en entrant en contact avec une cellule hôte appropriée, cellule de bactérie, d'animal ou de végétal, dont il est alors difficile de les déloger.

Un virus n'est rien d'autre qu'un morceau de matériel génétique, de l'ADN ou de l'ARN enfermé dans une petite capsule. C'est tout !

Pour se reproduire, ce qui constitue sa seule finalité, le virus doit détourner à son profit le métabolisme d'une cellule qui lui correspond. Quand le virus entre en contact avec elle, il doit faire pénétrer en elle son matériel génétique. Deux moyens sont à sa disposition : ou bien il se fait passer pour une substance nutritive, et c'est alors la cellule elle-même qui l'attire et l'absorbe, ou bien il fusionne son enveloppe avec la membrane cellulaire et ses gènes se retrouvent à l'intérieur. L'une et l'autre façons exigent une adéquation entre le virus et l'hôte.

L'étape suivante consiste à insérer ses gènes dans l'ADN de l'hôte. La machinerie cellulaire est ainsi détournée pour copier et recopier et rerecopier les gènes viraux, et aussi pour construire de nouvelles enveloppes. Gènes et enveloppes se rassemblent pour reconstituer de nouveaux virus. Ils sortent parfois de l'hôte sans le détruire. Dans d'autres cas, ils prolifèrent tellement que la cellule éclate sous la pression qu'ils exercent à l'intérieur, méritant alors vraiment leur nom : *virus* signifie en effet « poison ». Il arrive que des virus soient dangereux pour une créature et inoffensifs pour une autre : *Hantavirus* infecte un rongeur sans porter atteinte à sa santé, mais peut devenir mortel lorsqu'il infecte un être humain. C'est aussi le cas du virus du sida qui est passé du singe à l'homme.

Les virus ne sauraient être une forme de vie primitive. Cela n'aurait aucun sens d'avoir inventé un code génétique, de l'avoir enfermé dans une enveloppe, pour demeurer ainsi dans l'incapacité d'agir et même de se dupliquer. La thèse la plus courante à leur sujet les présente comme des évadés ou des parias : des bouts de matériel génétique provenant d'organismes complexes qui se seraient échappés et auraient acquis une sorte d'autonomie. Ils sont responsables de centaines de maladies, de la grippe au sida. Si l'on en croit Lise Thiry, spécialiste de virologie à l'Institut Pasteur, la nature aurait doté nos cellules de récepteurs à virus afin de rendre possibles les épidémies meurtrières : « Leur seule utilité serait donc d'assurer impitoyablement la régulation du peuplement planétaire en ne gardant que les plus adaptés[1]. »

Le classement des êtres vivants

Le classement complexe des êtres vivants est le fruit d'une longue évolution de la pensée humaine. Pendant des siècles, classer les espèces n'a posé aucun problème

1. Lise Thiry, *Tutoyer les virus*, Labor, coll. La science apprivoisée, 1993.

aux savants. En accord avec la Bible, ils croyaient que toutes les espèces animales et végétales étaient apparues sur Terre en même temps [1]. Dans ces conditions, le travail des naturalistes se réduisait à décrire l'apparence des organismes.

Puis vinrent les découvertes de Lamarck et de Darwin qui démontrèrent que les êtres vivants avaient changé au cours des temps. Les espèces se transformaient en de nouvelles pour mieux s'adapter à l'environnement. Nommer, classer, ranger prit alors un tout autre sens. Il était nécessaire de classer les êtres vivants selon leur place dans une chaîne évolutive. C'est devenu l'objet d'une science à part entière, la *taxonomie*, du grec *taxis* qui veut dire arrangement, et *nomos* administration. Les naturalistes, quand ils découvrent aujourd'hui une nouvelle espèce animale ou végétale, doivent la nommer et la classer dans un arbre généalogique qui la relie aux autres espèces d'où elle est issue par des liens de parenté.

La tâche est difficile. Le critère de classification par parenté n'est pas toujours aisé à mettre en œuvre, notamment parce qu'il est rare d'observer tout le développement généalogique d'une lignée. C'est pourquoi les naturalistes ont longtemps été réduits à déduire l'existence d'une parenté entre espèces, vivantes ou disparues, à partir de ressemblances morphologiques, comportementales, physiologiques et biochimiques. La méthode n'est pas infaillible, d'où pas mal de disputes. Mais le tableau qui émerge au bout du compte semble assez cohérent, au moins pour les espèces supérieures.

1. Le groupe influent aux États-Unis des créationnistes, qui se raccrochent encore au récit biblique de la Création, le croient toujours.

Qu'en est-il des microbes ? L'invention du microscope, on l'a vu, a révélé une quantité incroyable d'organismes qui entraient mal dans les deux grandes catégories jusqu'alors connues : les êtres vivants capables de bouger seuls, nommés animaux, et les autres, qui étaient des végétaux.

Avant d'être distingués, algues et champignons unicellulaires, protozoaires et bactéries furent tous fourrés dans un même sac, parce qu'ils apparaissaient indistinctement au microscope comme des êtres petits et simples. Ils furent donc affublés d'une même dénomination vague : microbes. Ces « petites vies » étaient justement si petites qu'elles ne devaient pas avoir beaucoup d'importance. Elles prirent tout naturellement place au plus bas de l'échelle de l'évolution, c'est-à-dire considérées comme pas très intéressantes. Seuls comptaient vraiment les organismes supérieurs.

Parce qu'elle permettait de mieux voir l'intérieur de la cellule, l'invention du microscope électronique (vers 1930-1940) conduisit à remettre en cause cette apparente simplicité et à revoir la classification. On découvrit que les animaux, les plantes, les champignons, les algues et les protozoaires avaient un point en commun : tous sont constitués de cellules au sein desquelles le matériel génétique est enfermé dans un noyau – on les nomma eucaryotes. Mais d'autres organismes n'avaient pas de noyau : supposés plus primitifs, ils furent appelés procaryotes. Ce sont, nous l'avons vu, les bactéries et les cyanobactéries, chez qui le matériel génétique flotte librement dans le cytoplasme. À ce groupe sont venues s'ajouter quelques années plus tard les archéobactéries, ainsi nommées parce que, habituées à vivre dans des environnements souvent extrêmes, elles étaient supposées être les plus archaïques de toutes – opinion remise en cause par de nouvelles techniques d'analyse.

Dans la deuxième moitié du XXe siècle, la génétique a une nouvelle fois révolutionné la taxonomie. Une méthode radicalement différente de classement des espèces a été conçue vers la fin des années 1960. Son intérêt est d'être véritablement généalogique puisqu'elle se fonde sur la comparaison des codes génétiques. Dans les années 1970, Carl Woese a ainsi entrepris de reclasser les êtres vivants. Résultat : le découpage procaryotes/ eucaryotes fait place à une classification en trois super-règnes que nous venons de découvrir : les eubactéries, les archéobactéries et les eucaryotes (voir tableau, page suivante).

Les éléments de base de la machinerie génétique se ressemblent beaucoup chez les eubactéries et les archéobactéries, en particulier l'absence de noyau et le processus de dédoublement de l'ADN. Il s'agit probablement d'une organisation primitive, proche de celle de la cellule ancestrale commune.

La réorganisation complète de la cellule qui a marqué la naissance des eucaryotes a été un événement exceptionnel dans l'évolution. Mais on note tout de même des points communs importants entre archéobactéries et eucaryotes, notamment le système plus complexe d'expression et de régulation des gènes. Les archéobactéries n'apparaissent plus comme la forme de vie la plus archaïque. Elles sont maintenant considérées comme un « chaînon manquant », une étape entre procaryotes et eucaryotes. La ligne de démarcation entre les deux groupes devient de plus en plus floue, ce qui justifie la nouvelle classification en trois grands groupes.

Caractéristiques	*Eubactéries*	*Archéobactéries*	*Eucaryotes*
noyau cellulaire	non	non	oui
peptidoglycane dans la paroi cellulaire	oui	non	non
ARN polymérase [a]	une sorte	plusieurs sortes	plusieurs sortes
initiateur de la synthèse protéique	formyl-méthionine	méthionine	méthionine
introns [b]	absent	dans quelques gènes	présent
sensibilité aux antibiotiques	croissance inhibée par la streptomycine	insensible à la streptomycine	insensible

a. L'ARN polymérase est une enzyme qui sert à transcrire l'information codée dans l'ADN. Chez les eubactéries, l'information passe directement dans l'ARN. Chez les eucaryotes, entrent en jeu d'autres protéines appelées « facteurs de transcription ». Quant aux archéobactéries, qui sont pourtant des procaryotes, le processus se fait également par l'intermédiaire de facteurs de transcription analogues aux précédents.

b. Chez les eucaryotes, les gènes présentent une structure discontinue, avec des exons et des introns. Les exons sont par définition des séquences d'ADN qui seront traduites en protéines (on dit aussi qu'elles seront exprimées). Les introns sont par définition des séquences d'ADN intercalées entre les exons.

Pour résumer, juste après le début de la vie sur Terre, l'arbre de l'évolution s'est scindé en deux branches, avec les eubactéries d'un côté et les archéobactéries de l'autre. Un peu plus tard, la branche des archéobactéries s'est elle-même scindée pour donner l'embranchement des eucaryotes.

Retour aux bactéries

Ce détour par la taxonomie s'avérait nécessaire pour avoir un aperçu de l'extraordinaire richesse et complexité de l'univers microbien : petit n'est en aucun cas synonyme de simple. Et cela semble infini, de nouveaux règnes apparaissent régulièrement, et avec eux de nouveaux chercheurs qui en font leur spécialité. Nous voici maintenant en présence d'eubactéries, d'eucaryotes, d'archéobactéries, de virus, de nanobactéries, de prions, etc., bref, des tas de petites vies parfois sympathiques et parfois beaucoup moins qui viennent embrouiller davantage nos catégories. Revenons donc à notre sujet, les bactéries, terme que nous continuerons d'employer par commodité pour désigner à la fois les eubactéries et les archéobactéries. Nous allons plonger maintenant dans leur intimité pour tenter de découvrir comment elles sont apparues mystérieusement sur la toute jeune Terre.

3.

À l'origine de la vie

Une mystérieuse arrivée

La Terre était âgée d'à peine plus de 500 millions d'années que la vie s'y était déjà installée sous la forme d'une myriade de bactéries. D'où venaient-elles ? Comment se sont-elles formées ? Ces questions, que se posait jadis Pasteur, restent encore sans réponse. Mais des pistes s'ouvrent qui soulèvent légèrement le voile du mystère.

On sait aujourd'hui que le temps, l'espace, la matière, la vie, tels que nous les concevons, n'ont pas toujours existé. Leur origine lointaine remonte probablement à un big bang qui, à vrai dire, n'a pas fait de bruit. Il y a environ 13,7 milliards d'années, en effet, on ne sait pas pourquoi, le vide s'est mis à vibrer. Cette vibration a donné naissance à la lumière, puis à la matière, qui s'est regroupée dans des galaxies où se sont allumées des étoiles.

Il y a seulement 4,6 milliards d'années, sur le bord extérieur d'une galaxie, une étoile de plus s'est formée. Bien plus tard, les hommes la nommeront Soleil, et la galaxie la Voie lactée. Elle n'a rien de bien particulier :

c'est une étoile moyenne, dite de deuxième génération, comme on en trouve des milliards d'autres dans l'univers.

Elle provient d'un nuage de gaz composé à 75 % d'hydrogène, 23 % d'hélium et 2 % d'éléments plus lourds. Le nuage de gaz s'est effondré sur lui-même sous l'effet de son propre poids. La contraction a provoqué son échauffement. En 100 millions d'années, la température a grimpé à 10 millions de degrés, ce qu'il faut pour déclencher dans le cœur des réactions de fusion nucléaire. Par une série d'étapes compliquées, les noyaux d'hydrogène se sont unis quatre à quatre pour former de l'hélium. Chemin faisant, une quantité importante d'énergie a été libérée. Et le Soleil s'est éclairé. À quelque 150 millions de kilomètres de distance, la chaleur qu'il rayonne atteint déjà un niveau propice au surgissement et au développement de la vie. Sauf que la Terre n'existe pas encore...

Disséminés dans le nuage de gaz d'où émerge le Soleil, se trouvent d'innombrables grains de poussière. Pas plus gros qu'un centième de millimètre, ils comportent un noyau solide fait d'atomes de silicium, d'oxygène, de magnésium, de fer, etc., nés dans les creusets stellaires et les supernovae [1], le tout recouvert d'une fine couche de glace. La gravitation agglomère ces grains en grains plus gros, lesquels s'agglutinent à leur tour en gravillons, et ainsi de suite jusqu'à former des astéroïdes et des planètes. Quelques centaines d'années pour passer du grain de poussière au caillou de la taille d'un

1. Une supernova est une gigantesque explosion par laquelle se termine la vie de certaines étoiles ; il s'en dégage d'énormes quantités d'énergie, rendant possibles des processus de fusion nucléaire.

ballon ; 100 millions d'années pour rassembler assez de cailloux et faire une planète.

Sur Terre, les matériaux les plus légers comme l'hydrogène et l'hélium se vaporisent sous l'effet de la chaleur solaire et se dispersent rapidement dans l'espace. Restent les matériaux les plus lourds, seulement 2 % de la masse initiale, tels le fer qui constitue le noyau de la planète et les silicates qui en forment le sol. L'eau retenue dans les poussières se vaporise, mais elle est assez lourde pour ne pas s'échapper dans l'espace. Alors elle se recondense et naissent ainsi les océans. L'eau, indispensable à la vie : les corps des êtres vivants, le nôtre y compris, sont faits pour près de 75 à 90 % d'eau, record battu par la méduse avec 99 %.

Quantité d'autres substances sont également nécessaires à la vie, notamment des molécules complexes à base de carbone. On en trouve déjà dans les nuages interstellaires : du formaldéhyde, de l'éther, des hydrocarbures aromatiques polycycliques[1], des fullerènes[2], etc. Des acides aminés, les briques de base servant à faire les protéines, ont aussi été détectés sur des météorites et des comètes. On vient même de découvrir la présence du plus simple d'entre eux, la glycine, dans les nuages interstellaires[3]. Il est aussi possible qu'ils aient été synthétisés ici même, dans une sorte de soupe primitive alimentée en énergie par les éclairs qui sillonnent en permanence la toute jeune Terre.

1. Molécules complexes construites par assemblage de noyaux hexagonaux de carbone, comme le benzène, le naphtalène, le pyrène, etc.

2. Grandes sphères constituées d'assemblages d'hexagones et de pentagones à base d'atomes de carbone, les plus communes comprenant 60 atomes.

3. *La Recherche*, n° 369, novembre 2003.

Mais il y a loin de ces matières premières à l'ADN, une macromolécule complexe contenant un véritable code, capable de se dupliquer, de diriger la fabrication d'un organisme qui se nourrit, se reproduit, se défend, se déplace, bref qui vit. Cette invention tient complètement du mystère. On ne sait pas non plus si le code génétique s'est formé avant la bactérie ou l'inverse. Éternelle histoire d'œuf et de poule ! Une chose au moins est sûre : le code génétique est apparu très tôt sur la Terre au sein des eubactéries et des archéobactéries, qui représentent les formes de vie les plus simples et les plus anciennes que l'on ait découvertes sur la planète. Même les plus vieux représentants connus avec certitude, datés de plus de 3,5 milliards d'années, ne sont en aucun cas des brouillons. Ce sont des êtres vivants à part entière, complets et pleinement opérationnels. Ils possèdent déjà, entre autres choses, un code génétique et une membrane cellulaire qui les protègent du milieu extérieur.

La Terre sur laquelle ils vivent n'est pas très hospitalière. Les volcans crachent leur feu, des orages terribles déchirent l'azur, des pluies de météorites creusent des cratères géants. L'atmosphère, surtout composée d'eau, de méthane et d'ammoniac, laisse passer les dangereux rayonnements ultraviolets du Soleil. Sans oxygène, les premières bactéries sont anaérobies par la force des choses, et elles se cachent pour se protéger des rayonnements nocifs sous la surface des mers, dans des lagunes à l'eau encore chaude ou tiède. Elles tirent l'énergie nécessaire à leur survie de la matière dissoute dans l'eau. Cela semble leur convenir puisqu'on les retrouve très vite sur tous les continents, dans des eaux très profondes, sous des températures et des pressions extrêmes, dans des milieux acides ou salés, etc. Dans un premier temps, elles survivent et se reproduisent pour coloniser la jeune Terre. Et puis, comme si elles accomplissaient le premier acte d'un vaste plan, elles vont se lancer dans la transformation en profondeur de la planète.

Comment on le sait

Les expériences de Stanley Miller

En 1953, ce chimiste américain, avec l'enthousiasme et l'inconscience de la jeunesse, a décidé de se livrer à une expérience qui restera dans les annales de l'histoire des sciences. Dans une éprouvette, il a fait circuler un mélange d'eau et de différents gaz, de l'ammoniac, du méthane et de l'hydrogène, composition censée refléter l'atmosphère primitive de la jeune Terre. Pour reproduire les effets des décharges de la foudre, il a soumis la mixture aux éclairs d'un arc électrique. À sa grande surprise, au bout d'une semaine, il a trouvé des acides aminés dans l'eau du ballon d'essai. Depuis, l'expérience de Miller a été reproduite des centaines de fois, avec toutes sortes de variantes. Mélangeant de la glace, du gaz carbonique, du monoxyde de carbone, du méthanol et de l'ammoniac, plongeant le tout dans un vide à une température de – 261 °C et bombardant le mélange avec des rayons ultraviolets, les scientifiques ont réussi à fabriquer seize acides aminés, dont six entrent dans la composition des protéines. Bref, la fabrication des briques de base nécessaires à la vie semble chose assez commune dans le cosmos. Que cela se soit passé dans l'espace au sein des nuages interstellaires, ou sur Terre dans une sorte de soupe primitive, voire dans les deux, ne change finalement pas grand-chose. Le vrai problème est qu'entre des matériaux prébiotiques et des cellules vivantes, il y a un saut, qui n'est pas petit.

La découverte du code génétique

Université de Cambridge, mars 1953 : Francis Crick et James Watson, deux jeunes chercheurs aussi enthousiastes qu'ambitieux, annoncent au monde qu'ils viennent de percer les secrets de la vie. Dans la très sérieuse revue *Nature*, ils présentent pour la première fois leur modèle de l'ADN : une structure en double hélice. Une nouvelle ère s'ouvre pour les hommes... et pour les bactéries.

L'ADN ou acide désoxyribonucléique est une grosse molécule que l'on connaît depuis le XVIIIe siècle. Elle a été observée maintes fois dans les spermatozoïdes, sans qu'on y prête beaucoup d'attention. Mais depuis quelques années, on la soupçonne d'être le support de l'hérédité. Crick et Watson parviennent à expliquer comment en dévoilant sa structure. Ils démontrent que l'ADN contient un code, un code magnifiquement ingénieux, destiné à fabriquer de la matière vivante à partir de la matière inanimée. Ce code biochimique se trouve à l'intérieur de chaque cellule, qu'elle ait ou non un noyau. Ils ne comprennent pas totalement comment il fonctionne mais ils entrevoient le principe de base.

La molécule d'ADN est enroulée sur elle-même, comme une hélice. Mais quand on la déplie, on s'aperçoit qu'elle ressemble à une échelle. Les deux branches sont faites de sucre (le *désoxyribose*) et de phosphate, et les barreaux d'acides aminés. On appelle ces derniers des *nucléotides*, ou aussi, fort justement, des *bases*, car c'est sur eux que tout repose. La vie en a retenu quatre pour composer son code :

l'*adénine* (A en abrégé), la *guanine* (G), la *cytosine* (C) et la *thymine* (T). Ils sont associés deux par deux pour fabriquer un barreau. Chacun a une extrémité reliée à une branche de l'hélice, et son autre extrémité est emboîtée dans celle de son vis-à-vis. Ces petites molécules présentent en effet des particularités morphologiques et chimiques telles qu'elles s'emboîtent deux à deux, comme une clé qui s'ajuste à une serrure. C'est ainsi qu'en face de A, il y a toujours G, et en face de C toujours T.

Lorsque les deux brins constituant la molécule d'ADN se séparent, chacun peut servir de matrice à la formation d'une nouvelle molécule. Le G cherchant le A et le T cherchant le C par des affinités électrochimiques, la molécule se reconstruit identique à elle-même. C'est ainsi que l'ADN se répare, qu'il se duplique pour se transmettre à la descendance de la cellule lorsqu'elle se divise et qu'il se réplique pour assurer la synthèse des protéines.

Dans les années qui suivent, les découvertes se succèdent à un rythme accéléré, à commencer par le processus de fabrication des protéines. Les protéines sont de longues chaînes moléculaires constituées de 100 à 10 000 maillons. Chacun de ces maillons est un acide aminé. À la différence de l'ADN qui n'en utilise que quatre sortes, les protéines sont fabriquées à partir de vingt sortes d'acides aminés. Les protéines sont les véritables éléments de construction de la matière vivante terrestre, des bactéries aux mammifères en passant par les plantes et les champignons. Preuve en est que tous se nourrissent les uns des autres. Leurs fonctions sont nombreuses et diverses. Certaines protéines sont des hormones qui régularisent des fonctions complexes, d'autres sont des enzymes qui catalysent toutes sortes de réactions biochimiques, d'autres encore participent à la structure de la cellule, etc.

Paul Zamecnik constate que les protéines sont fabriquées à l'intérieur de chaque cellule dans des petites structures appelées *ribosomes*. Puis Jacques Monod et François Jacob découvrent l'ARN messager. C'est la molécule qui transmet l'information contenue dans l'ADN de la cellule vers les ribosomes où sont fabriquées les protéines. Il ne manque plus qu'à découvrir la nature de cette information pour percer le secret de la vie. Autrement dit, comment passe-t-on d'une succession de quatre acides aminés, A, G, C, T, sur l'ADN à des protéines formées par l'assemblage de centaines d'acides aminés choisis parmi vingt sortes ?

Le code est percé en 1968, grâce à la contribution active d'*Escherichia coli*, une petite bactérie présente notamment dans l'intestin. Coqueluche des chercheurs, elle deviendra plus tard la star du génie génétique.

Les chercheurs découvrent un véritable système de codage, analogue à une langue constituée de phrases qui sont formées de mots qui à leur tour sont écrits avec des lettres. Ici, l'alphabet ne comporte que quatre lettres, qui sont les fameuses quatre bases A, G, C, T, de l'ADN. Les mots de cette langue présentent la particularité d'être tous formés de trois lettres. Ainsi, chaque acide aminé entrant dans la composition d'une protéine est représenté sur l'ADN par un tel mot de trois lettres. Par exemple : le mot constitué de trois adénines qui se suivent, AAA, désigne la *lysine* ; un guanine suivi de deux thymines, GTT, donne la *valine* ; un guanine suivi d'un thymine suivi d'un adénine, GTA, donne aussi la *valine*, car il peut y avoir des synonymes [1].

1. Quatre lettres arrangées en mots de trois lettres, cela fait 4 x 4 x 4 = 64 combinaisons possibles ; d'où de nombreux synonymes puisqu'il n'y a que vingt acides aminés à représenter.

Les protéines sont représentées sur l'ADN comme des phrases constituées de plusieurs de ces mots de trois lettres. Les parties de la molécule d'ADN qui codent les protéines sont appelées des *gènes*, et l'ensemble des gènes constitue le *génome*.

À partir de là, la révolution de la biologie moléculaire est en marche. En 1995, le code génétique de la bactérie *Haemophilus influenzae* est le premier à être séquencé en totalité. Résultat : 1 830 138 paires de bases sur l'ADN, codant 1 743 gènes. Au début des années 2000, c'est au tour du génome humain de livrer ses secrets. Depuis, la machine s'est emballée, avec les manipulations génétiques. Tout va si vite qu'on ne prend guère le temps de s'arrêter pour s'émerveiller devant l'intelligence et la magie de ce code dont l'invention reste un mystère.

La vie venue de l'espace

Il est difficile de concevoir comment la vie a pu apparaître aussi rapidement sur Terre, tout juste quelques centaines de millions d'années après sa formation. D'autant que les conditions en ses débuts devaient être très violentes et instables, autrement dit guère propices à fabriquer autre chose que des acides aminés : rayonnements cosmiques intenses, volcanisme incessant, bombardements météoritiques violents, etc. Quelques chercheurs ont donc avancé l'idée que la vie aurait pu venir d'ailleurs. Des spores bactériennes voyageant dans les espaces interstellaires auraient fécondé la Terre. L'hypothèse n'est pas si fantaisiste, quand on sait que les bactéries possèdent d'incroyables capacités d'adaptation et de résistance, y compris au vide et aux radiations.

Le chef de file de ce mouvement n'est autre que le prix Nobel Francis Crick, codécouvreur avec Watson de la double hélice d'ADN. Son idée donne un souffle plus large à la vieille théorie de la panspermie. Les « germes de vie » que les anciens imaginaient se baladant dans le vent céleste viendraient maintenant de l'espace interstellaire. Évidemment, cela ne fait que reculer les frontières de l'inconnu – comment est-on passé des briques inanimées à la vie, où, quand, comment le code génétique a-t-il été inventé ? Et pourquoi ? La panspermie rend également plausible l'idée que des formes de vie semblables puissent exister ailleurs dans la galaxie. Une fascinante perspective, qui élargit nos horizons, mais sans apporter de sens à nos questionnements. On comprend seulement que, venant de l'espace, le code génétique ait pu apparaître si tôt sur une très jeune Terre bombardée de météorites et de rayons cosmiques.

À quoi cela nous fait réfléchir

Hasard ou intention ?

Depuis qu'ils sont conscients d'être conscients, les hommes se heurtent au mystère des origines. Pour calmer leur angoisse existentielle, ils ont inventé des réponses, mélange d'observations de la nature et d'intuitions fulgurantes. Elles se sont traduites dans des mythes, des religions, des philosophies, des visions qui ont permis de structurer les sociétés et d'édifier des civilisations[1].

Dans la deuxième moitié du XXe siècle, une nouvelle mythologie est apparue pour tout à la fois prolonger et renouveler nos croyances. On peut l'appeler « du big bang à l'homme ». Inventé par des scientifiques, fruit de leurs recherches dans des domaines aussi différents que la cosmologie, l'astrophysique, la physique nucléaire, la biologie, etc., ce modèle propose à son tour des réponses aux questions existentielles : « qui sommes-nous ? » et « d'où venons-nous ? » Réponses insuffisantes, mais qui ont au moins le mérite de réveiller notre imagination, agrandir notre regard sur l'univers et nous redonner une place au sein d'une vaste vie. Après des siècles de scientisme triomphant où les savants mettaient plus en avant leur intelligence à comprendre la nature que l'intelligence de la nature elle-même, les plus récentes découvertes façonnent une épopée cosmique grouillante de vie et d'intelligence. Vu sous cet angle, le scénario allant du big bang aux hommes réenchante le monde. Il nous émerveille et nous pousse aussi à plus l'humilité, à l'instar des bactéries, si petites et si puissantes à la fois.

Cette théorie est aussi porteuse de sens, pour peu qu'on le cherche au lieu de le fuir. Il est en effet étonnant de constater que tout semblait déjà réglé pour que, quelques milliards d'années après l'explosion initiale, la vie apparaisse, et un peu plus tard encore des êtres conscients qui en discutent et se disputent. Les cosmologistes appellent cela le principe anthropique : si les constantes de la physique ou les conditions initiales

1. Vahé Zartarian, *Les grandes civilisations*, Georg, Genève, 2003.

comme l'énergie totale avaient été un tant soit peu différentes, l'univers serait sombre et stérile, les étoiles ne s'allumeraient pas, ou bien elles brûleraient trop vite pour laisser une quelconque chance à la vie de se développer. Ce réglage est d'une précision comparable à un archer qui réussirait à planter une flèche dans une cible d'un centimètre carré placée à 15 milliards d'années-lumière de distance[1]. Existerait-il, inscrite au cœur même des constantes de la physique, une finalité cachée rendant inéluctable le jaillissement de la vie, tout comme l'apparition d'êtres capables de prendre conscience de l'univers ? Quelques scientifiques n'hésitent pas à le penser, tandis que la majorité s'en remet toujours au dieu hasard. Hasardeux ou non, ce tir incroyable a réussi, des étoiles sont nées, des étoiles sont mortes, enrichissant le milieu interstellaire en atomes en tous genres, préparant les matériaux de base de la vie et donnant naissance au code génétique.

Et que dire de la suite de l'histoire, tout aussi improbable ? Les complexes réactions chimiques qui se sont déroulées voici quelques milliards d'années dans les nuages interstellaires ou dans les océans de la Terre primitive n'ont abouti qu'à fabriquer des briques de base, comme les acides aminés. Or à la sortie d'une briqueterie, vous n'avez pas une maison, vous avez juste un tas de briques. Vous aurez votre maison quand vous l'aurez conçue et que vous aurez assemblé les briques de manière appropriée. De même, vous pouvez mélanger des molécules prébiotiques de toutes les manières possibles et imaginables, il y a peu de chances que vous voyiez sortir une cellule vivante. La probabilité qu'une

1. D'après Trinh Xuan Thuan, *Le chaos et l'harmonie*, Gallimard, 1998.

structure relativement simple comme un virus se forme spontanément au bout d'un milliard d'années par le seul jeu aléatoire d'associations et de dissociations de molécules dans une soupe contenant quelques briques de base est extrêmement faible. Un calcul donne quelque chose de l'ordre de 0,000...0001 en comptant 2 millions de zéros ! C'est à peu près la probabilité de voir retomber une pièce de monnaie plus de 6 millions de fois de suite du même côté. Encore faut-il rappeler qu'un virus n'est pas un être vivant à part entière, tout juste un bout d'ADN ou d'ARN enfermé dans une capsule. De plus, bien qu'il soit beaucoup plus simple qu'une bactérie, il n'en est pas le précurseur. Retenons que l'apparition de la matière animée a un caractère très hautement improbable. Et pourtant le code génétique existe, et la vie aussi, voilà au moins une chose qui n'est pas douteuse.

Le génome et ses limites

Un des plus petits organismes vivants connu aujourd'hui est *Mycoplasma genitalium* ; il n'a évidemment qu'une seule cellule et un seul brin d'ADN. En comparaison, un corps humain compte quant à lui 100 000 milliards de cellules, réparties en deux cents types de tissus ; il possède un ADN distribué sur 23 paires de chromosomes ; l'ADN contenu dans chaque cellule mesurerait, si on le déroulait, près d'un mètre cinquante. L'ADN de *Mycoplasma genitalium* ne comporte « que » 580 073 paires de bases, exactement, qui codent 517 gènes. L'ADN d'un être humain comporte environ 3 milliards de lettres, qui codent 25 000 gènes, chiffre étonnamment bas qui a surpris les chercheurs étant donné la complexité et la diversité des êtres humains.

Se pourrait-il que la découverte du code génétique et le séquençage du génome n'expliquent pas tout de la vie et n'en épuisent pas le mystère ? Quelques chercheurs commencent à le croire, même si la majorité, et le grand public à sa suite, pense aujourd'hui qu'il suffit de séquencer le génome d'un être vivant pour en comprendre entièrement le fonctionnement, et par voie de conséquence les dysfonctionnements. Certains vont jusqu'à traquer les gènes de l'infidélité ou de l'agressivité, et même de l'amour ! Cependant, plus les recherches avancent, plus cette croyance réductrice est battue en brèche [1]. Même avec les organismes les plus simples comme les virus : on a beau connaître pour certains la totalité de leur ADN, on ne comprend toujours pas comment ils fonctionnent et on n'est pas forcément plus avancé pour lutter contre eux. Dans ces conditions, prétendre que le décryptage du génome humain permettra de résoudre tous les dysfonctionnements de la machine corporelle, voire tous les désordres psychiques, est plus un acte de foi qu'une conclusion scientifique.

Le génome ne représente en fait qu'une toute petite partie de l'information contenue dans l'ADN. Il correspond à l'ensemble des gènes. Et un gène, nous l'avons dit, n'est qu'un fragment d'ADN qui code une protéine, en quelque sorte une phrase comportant des centaines de mots de trois lettres écrits dans l'alphabet des nucléotides (les quatre bases AGCT). Dans les organismes supérieurs, le génome ne constitue guère que 1 à 5 % de l'information contenue dans l'ADN. Restent 95

1. Jean-Jacques Kupiec et Pierre Sonigo, *Ni dieu ni gène. Pour une autre théorie de l'hérédité*, Seuil, 2000.

à 99 % dont on ne sait pas à quoi ils servent. Il serait pour le moins étonnant qu'ils ne servent pas à quelque chose.

D'autant qu'il y a encore pas mal d'énigmes à résoudre, dont les réponses ne se trouvent probablement pas uniquement dans le génome, ni même peut-être dans l'ADN, par exemple :

Les vrais jumeaux

On recense des différences frappantes chez des vrais jumeaux qui laissent les généticiens perplexes. Alors qu'ils partagent le même patrimoine génétique, souvent aussi le même environnement, il arrive que leurs vies et leurs personnalités divergent du tout au tout, l'un pouvant, par exemple, être atteint de schizophrénie ou de diabète et l'autre pas.

La morphogenèse

Difficile de concevoir que dans les quelque 30 000 gènes de l'être humain soit contenue toute l'information nécessaire à l'élaboration d'un organisme si hautement différencié, ayant une forme complexe mais très stable, et ce en partant d'une cellule unique indifférenciée, l'ovule fécondé[1]. Ne parlons même pas du développement du cerveau, avec toutes ses formidables prédispositions, comme le langage.

L'hérédité comportementale

Difficile d'imaginer que quelques molécules puissent contenir toute l'information nécessaire à des papillons migrateurs comme les Monarques, qui n'ont jamais

1. Pour une intéressante réflexion sur la morphogenèse, voir Rupert Sheldrake, *Une nouvelle science de la vie, op. cit.*

connu leurs parents, pour faire des allées et venues entre leur lieu de villégiature hivernal et leur lieu de villégiature estival.

Les coévolutions

Difficile de comprendre encore comment une orchidée telle ophrys a fini par ressembler à ce point à la guêpe goryte : outre une ressemblance physique, elle synthétise une substance analogue à la phéromone que produit la guêpe femelle pour attirer le mâle, afin d'attirer elle aussi le mâle qui, prenant les orchidées pour amantes, ramassera sur l'une du pollen et le déposera sur une autre, fécondant ainsi la fleur[1].

Tout cela n'enlève rien à la merveille que constitue l'invention du code génétique. Il apparaît juste que le scénario de la vie est certainement plus compliqué qu'on ne le suppose. Comme nous le verrons, la vie elle-même se charge périodiquement de briser les limites dans lesquelles notre intellect cherche à l'enclore.

1. Rémy Chauvin fait une réflexion critique de la théorie darwinienne de l'évolution dans *La biologie de l'esprit*, éditions du Rocher, 1985.

4.

À l'origine de la biosphère

Les bactéries changent le décor

Dès le début, les bactéries semblent se plaire sur Terre. Alors pourquoi vont-elles un jour bouleverser de fond en comble leur propre existence et celle de la planète ? Ont-elles proliféré au point de manquer de nourriture, ou bien l'heure était-elle venue de passer à la deuxième phase d'un grand plan d'accomplissement de la vie ? Nul ne le sait.

On ne peut pas dater avec exactitude le début de cette nouvelle aventure, car la métamorphose a probablement débuté discrètement au sein de quelques colonies bactériennes protégées dans des niches. On sait en tout cas que des ancêtres de cyanobactéries[1] existaient déjà voici près de 3,5 milliards d'années, témoignant de changements métaboliques profonds bien antérieurs. Des ancêtres de ces ancêtres ont donc « décidé » un jour de ne plus dépendre de certaines molécules pour y pui-

1. On les appelle aussi des algues bleues, même si ce ne sont pas des algues à proprement parler et qu'elles peuvent prendre toutes les formes et toutes les couleurs en fonction du milieu.

ser leur énergie et de la capter directement à la source, le Soleil. En intégrant des pigments chlorophylliens présents dans le milieu, ces bactéries ont inventé la photosynthèse. Il s'agit d'utiliser les rayons solaires comme source d'énergie pour casser les molécules d'eau H_2O et de gaz carbonique CO_2 afin d'en extraire les atomes nécessaires à la fabrication de sucres. C'est plus pratique et plus sûr de synthétiser soi-même son alimentation que d'attendre qu'elle vous arrive toute faite. Ainsi les ancêtres des cyanobactéries ont-ils appris à récupérer le carbone et l'hydrogène qui se trouvaient en abondance dans le milieu, et à se débarrasser de l'oxygène comme d'un déchet.

Cette innovation va progressivement se généraliser, au point que l'eau puis l'atmosphère vont être envahies par ce nouveau gaz. Et l'histoire de la planète va en être toute chamboulée. La possibilité de synthétiser de nouvelles substances grâce à l'énergie solaire accélère d'un coup l'évolution. La transformation aboutira à des organismes beaucoup plus évolués, les plantes, dont le succès ne remet toutefois pas en cause celui des bactéries photosynthétiques, dont les descendantes existent toujours. Elles sont même très actives, aux côtés des plantes, pour fabriquer l'oxygène.

Une nouvelle atmosphère se constitue progressivement. Au début, cela ne fait pas que des heureux, car l'oxygène est un poison pour la plupart des bactéries. Elles vont devoir s'adapter ou périr. Combien ont succombé ? Combien se sont réfugiées dans des niches pauvres en oxygène en attendant des jours meilleurs ? Combien, enfin, ont décidé de se transformer ? Là encore le mystère demeure, mais l'événement change l'histoire de la planète.

Une nouvelle atmosphère se constitue progressivement. Grâce au travail minutieux d'une armée de bactéries, elle acquiert une quantité d'oxygène idéale à l'évolution de la vie qu'elle maintiendra jusqu'à nos jours. Autre avantage : en atteignant les couches supérieures, l'oxygène va se transformer en une couche d'ozone, un bouclier indispensable pour protéger le vivant des violents rayonnements du Soleil. De quoi permettre un jour aux premières plantes et amphibiens de sortir de l'eau sans risque. Mais nous n'en sommes pas encore là. Alors que certaines bactéries s'emploient à réguler l'oxygène, d'autres modifient la géologie de la Terre et créent de véritables filons de minerais. Une œuvre d'art ! En oxydant roches et sols, elles offrent à la planète la couleur rouge, qu'elles déclinent de l'orange le plus ardent au rose le plus doux. D'autres encore se spécialisent dans la décomposition de leurs congénères. Rien ne se perd chez les bactéries et ce travail sera utile pour fabriquer plus tard l'humus de la terre et enfouir dans le sous-sol charbon, gaz et pétrole. Enfin, certaines d'entre elles vont décider de ne pas en rester là. Pour survivre et évoluer dans ce nouveau décor, elles vont s'entraider. Ainsi débute une nouvelle grande aventure.

Comment on le sait

Une nouvelle vision de la biosphère

Nous savons aujourd'hui que les êtres vivants et leur environnement ont des liens très profonds, à tel point que les deux pourraient finir par se confondre. Le naturaliste français Lamarck l'avait déjà pressenti voici déjà deux siècles : « Les substances minérales complexes de toutes sortes qui constituent la croûte extérieure de la Terre, qu'elles apparaissent sous forme d'accumulations, de gisements de minerais, de strates parallèles, etc., que ce soit dans des plaines, des collines, des vallées, des montagnes, etc., sont le produit exclusif des animaux et des plantes qui ont vécu là. » Belle idée vite oubliée faute de preuves.

Vladimir Vernadsky l'a redécouverte au début du XXe siècle. Il a publié ses arguments en 1926 dans un ouvrage intitulé *La biosphère*[1]. Bien que le terme ait été forgé quelques années auparavant par Eduard Suess, c'est lui qui lui a donné tout son sens. En étudiant de près les interactions entre le monde minéral et les êtres vivants, Vernadsky est parvenu aux conclusions suivantes :

1. La vie fait la géologie. Elle n'est pas juste un facteur, elle est la force essentielle. Pratiquement toutes les structures géologiques à la surface de la Terre sont

---

1. L'ouvrage de Vladimir Vernadsky est disponible en anglais sous le titre *The Biosphere* chez Synergistic Press, à Oracle, Arizona, 1986.

influencées, voire carrément modelées par des êtres vivants. Il n'est guère de molécule, que ce soit de l'eau, du gaz, du métal, du roc, etc., qui ne soit passée dans le corps d'un être vivant, pour en ressortir plus ou moins transformée. C'est ce vaste processus d'interactions qui constitue la biosphère.

2. Cette imprégnation du non-vivant par le vivant s'accroît avec le temps. L'augmentation ininterrompue du nombre de transformations chimiques induites par les êtres vivants a pour effet d'incorporer de plus en plus la planète à la biosphère. Remarquons que l'homme a encore accéléré le processus, grâce à ses machines qui prolongent son corps et en multiplient la force. La révolution industrielle est aussi d'une certaine manière un phénomène géologique et climatique. Favorable à la vie ? C'est une autre question.

3. La vie se déploie sur une planète sphérique. Vernadsky est le premier à avoir pleinement saisi toutes les conséquences du fait que la biosphère est contenue dans une portion d'espace très limitée, ouverte uniquement à l'énergie solaire qui alimente en permanence tous ses processus.

Pour résumer, selon Vernadsky, la vie rend en quelque sorte vivant le minéral en l'incorporant et en le transformant. Cela engendre un cercle vertueux dans la mesure où l'ensemble de ces transformations aboutit à créer un environnement encore plus favorable à la vie. Elle devient un phénomène à l'échelle planétaire, une sorte d'activité métabolique de la planète, ou du moins de ses couches superficielles qui constituent la biosphère : « La vie n'est pas un développement extérieur et accidentel. Elle est intimement liée à la constitution de la croûte terrestre. Sans la vie, la face de la Terre serait aussi inerte et immobile que la face de la Lune. »

James Lovelock retrouve à son tour ces idées dans les années 1970. Avant tout ingénieur et chimiste (Vernadsky était géologue), il a apporté un nouvel éclairage sur le sujet. Ses interrogations ont démarré dans les années 1960 alors qu'il participait au programme de la NASA de recherche de vie sur Mars. Très vite, il en est arrivé à penser que la vie débordait des cadres habituels : « La vie est apparue sur la terre ferme pour la première fois il y a environ 3 500 millions d'années. La présence de fossiles prouve que le climat de la Terre ne s'est guère modifié au cours de cette période. Or l'émission de chaleur du Soleil, les propriétés de la surface de la Terre et la composition de l'atmosphère ont sans aucun doute varié de manière considérable durant cette période. La composition chimique de l'atmosphère ne confirme pas les suppositions relatives à l'équilibre chimique de l'état stable. La présence de méthane, de protoxyde d'azote et même d'azote dans notre atmosphère oxydante actuelle représente une violation des règles de chimie, mesurable en plusieurs ordres de grandeur. Des déséquilibres de cette ampleur donnent à penser que l'atmosphère n'est pas simplement un produit biologique, mais plus probablement une construction biologique : non pas vivante, mais semblable à la fourrure d'un chat, aux plumes d'un oiseau ou au papier d'un guêpier, une extension d'un système vivant conçue pour préserver un environnement choisi. Ainsi la concentration atmosphérique de gaz tels que l'oxygène et l'ammoniac s'avère être conservée dans une proportion optimale qui, si elle subissait d'infimes variations, pourrait avoir des conséquences désastreuses pour la vie. Le climat et les propriétés chimiques de la Terre, aujourd'hui et tout au long de son histoire, semblent avoir toujours été optimal pour la vie. Qu'un tel phénomène soit fortuit est aussi probable que le fait de sortir indemne d'une promenade les yeux fermés dans les rues de la ville à une heure de pointe[1]. »

Pour bien insister sur la dimension planétaire du phénomène, Lovelock a choisi d'appeler *Gaïa* cette Terre considérée comme un être vivant, du nom de la déesse de la Terre chez les Grecs.

Longtemps jugées hérétiques, ces idées commencent à être acceptées par les scientifiques, même s'il y a encore beaucoup de résistances[2]. Une relative ouverture d'esprit chez les jeunes générations fait peu à peu se lever les barrières. Il faut dire aussi qu'un certain nombre de découvertes tendent à accréditer cette thèse.

Là où Lamarck et Vernadsky voyaient la biosphère comme l'œuvre principalement des animaux et des végétaux supérieurs, Lovelock pense que l'essentiel se joue à des échelles plus petites, voire microscopiques. Cela ouvre la voie à de nouvelles recherches qui se révèlent fécondes. Voici les bactéries de retour, et une nouvelle fois au premier plan. Elles ont régné seules pendant près de 2 milliards d'années. Et elles sont encore présentes partout, y compris dans les milieux les plus extrêmes (sous les glaciers, dans des sources chaudes, à des kilomètres sous terre, etc.), y compris à l'intérieur des êtres complexes (racines des plantes, intestins des animaux, etc.). Elles ont eu largement le temps de créer et recréer l'atmosphère, de façonner les

---

1. James Lovelock, *La terre est un être vivant*, Flammarion, coll. Champs, 1993.

2. Pour l'anecdote, Lynn Margulis, qui a apporté une énorme contribution à la compréhension de l'« univers bactériel », s'est vu refuser il y a quelques années une chaire dans une grande université américaine à cause de sa contribution à l'hypothèse Gaïa.

plateaux continentaux, de fabriquer la houille, le gaz naturel, le pétrole, et des tas de minerais comme le zinc, l'or, l'argent, le fer, etc.

Des fossiles de cyanobactéries

Nous connaissons l'âge de la vie grâce aux traces fossiles de bactéries. Il peut sembler surprenant que des microbes puissent laisser de telles traces. C'est pourtant le cas des cyanobactéries. On dit aussi cyanophycées ou encore algues bleues, mais ce sont véritablement des eubactéries. Certaines d'entre elles vivent en collectivité. Leurs colonies forment une fine pellicule visqueuse appelée *biofilm* dans des eaux peu profondes, du même genre que ces films verdâtres que l'on voit parfois dans les évacuations des lavabos et des éviers. Divers matériaux, notamment des sédiments calcaires, se font piéger dans les filaments de la colonie. De plus, elles sécrètent parfois du carbonate de calcium, cette même matière dont sont faites les coquilles de mollusques. C'est ainsi qu'au fil des ans, à mesure que des générations se succèdent, des structures calcaires s'édifient, couche après couche, prenant généralement une forme de dôme. On les appelle des *stromatolites*. Ces structures peuvent être datées avec les techniques habituelles de la géologie. Leur existence est fort ancienne. Des études isotopiques au carbone 14 [1] suggèrent que

1. Un isotope d'un élément chimique a un noyau qui comporte le même nombre de protons, particules électriquement chargées, mais un nombre différent de neutrons, particules du noyau électriquement neutres. Par exemple, C^{11}, C^{12}, C^{13}, C^{14} sont des isotopes du carbone qui comportent tous 6 protons, et respectivement 5, 6, 7, ou 8 neutrons. Les propriétés radioactives de certains isotopes

les plus vieux de ces organismes auraient 3,85 milliards d'années (pour mémoire, la Terre n'a « que » 4,5 milliards d'années). Des preuves plus solides sont fournies par l'existence de véritables fossiles de cyanobactéries datés de 3,5 milliards d'années. Il est étonnant de constater que l'on retrouve leurs descendantes toujours bien vivantes et actives sur toutes les mers du globe, contribuant même à la production d'un huitième de l'oxygène atmosphérique.

Si les plus anciennes datent de 3,5 milliards d'années, cela signifie qu'à peine un milliard d'années après la formation de notre planète, des organismes très évolués y existaient déjà. Des organismes disposant d'un ADN, d'un système de codage, de ribosomes pour traduire le code ; des organismes vivant collectivement, ce qui se traduit par la présence d'un pore dans la paroi à chaque extrémité de la cellule, qui la met en contact avec les cellules contiguës ; des organismes capables de fixer le calcium, l'azote, qui utilisent de la chlorophylle pour produire des matières organiques à partir de gaz carbonique, d'eau et de lumière, et qui rejettent de l'oxygène. Des êtres aussi complexes ne sont certainement pas sortis de rien, par génération spontanée, il y a 3,5 milliards d'années. Les chercheurs ont donc imaginé qu'il devait y avoir depuis quelques millions d'années déjà des précurseurs relativement plus simples, mais qui, eux, n'ont pas laissé de trace.

(le carbone 14 est le plus connu) et les mesures de proportions relatives de différents isotopes dans un corps donné permettent des datations.

Les bactéries ont fabriqué les minerais

Un phénomène tout à fait remarquable se produit dans certaines régions arides. Il est tellement visible qu'il a été surnommé le « vernis du désert ». Il s'agit d'une très fine pellicule, parfois d'un centième de millimètre d'épaisseur seulement, qui colore en noir ou en rouge foncé les rochers, voire des montagnes entières. Une éraflure suffit à faire ressortir la pierre sous-jacente. Pendant des milliers d'années, les Indiens du sud-ouest des États-Unis s'en sont servis pour dessiner leurs pétroglyphes : figures humaines et animales, empreintes de mains et de pieds, formes abstraites comme des cercles, des spirales, des lignes ondulées, etc.

Le vernis du désert est constitué d'oxyde de manganèse (noir) ou d'oxyde de fer (rouge foncé). Il est produit par des colonies bactériennes, celles en particulier du genre *Metallogenium* ou *Pedomicrobium*. De formes sphériques ou en bâtonnets, munies de prolongements filamenteux, elles mesurent de 0,4 à 2 millièmes de millimètre. C'est dire l'activité qu'il leur faut déployer pour recouvrir des kilomètres carrés de montagne.

Dans les cellules complexes des eucaryotes, l'énergie est produite dans des organites particuliers appelés mitochondries, qui sont en fait d'anciennes bactéries. L'énergie résulte de la combustion du glucose au moyen d'oxygène, et elle est stockée dans des molécules d'adénosine triphosphate ou ATP. Ici, pas de mitochondries puisque nous avons affaire à des bactéries qui savent produire directement leur énergie. Dans le cas de *Metallogenium* et *Pedomicrobium*, le manganèse ou le fer remplacent le glucose comme source d'énergie. Ces métaux sont oxydés grâce à l'oxygène prélevé dans l'air, et l'énergie ainsi dégagée est toujours stockée dans des molécules d'ATP. Les oxydes de manganèse et de fer sont rejetés comme des déchets. Cela donne le fameux vernis du désert, en fait un sous-produit du métabolisme de ces bactéries.

D'où proviennent les métaux ? Tout simplement de l'air. Étant donné la très faible concentration de manganèse et de fer dans l'atmosphère actuelle, le processus de fabrication du vernis est extrêmement lent. Dans les déserts du sud-ouest des États-Unis, où le phénomène est le plus étudié, il faut de l'ordre de 10 000 ans pour obtenir une couche uniforme. Mais 10 000 ans ne sont pas grand-chose à l'échelle des temps géologiques. Des structures fossiles ressemblant à *Metallogenium* ont été retrouvées dans d'importants dépôts terrestres et marins de manganèse. D'autres genres de bactéries capables aussi d'oxyder le manganèse ont par ailleurs été trouvées dans l'eau douce de certains lacs.

Il ressort de tout cela, d'une part, que l'oxydation du manganèse par des bactéries est un phénomène ancien et relativement commun ; d'autre part, que les bactéries sont probablement à l'origine des dépôts de manganèse sous forme d'oxyde, que ce soit dans des nodules au fond des océans, en couche mince sur des rochers ou en filons épais dans le sous-sol.

Il devient plausible de penser que la plupart des minerais pourraient résulter d'une semblable activité microbienne. Des phénomènes biochimiques donc, et non pas, comme on l'a longtemps cru, l'effet de simples réactions physico-chimiques. Les bactéries ingéreraient les métaux dissous dans l'eau ou flottant dans l'air, leur feraient subir des transformations pour en extraire de l'énergie et laisseraient derrière des dépôts d'oxydes métalliques, de sulfures, de carbonates ou de silicates, qui au fil des millénaires finiraient par s'accumuler et deviendraient importants. Les recherches ne font que commencer, et déjà cette hypothèse se révèle féconde.

Parmi de nombreux résultats récents, citons celui-ci : en 2000, des chercheurs ont annoncé avoir trouvé dans une mine abandonnée une activité microbienne qui suggère fortement que les bactéries ont joué un rôle de premier plan dans la formation de ces dépôts de plomb et de zinc [1]. Il s'agit de bactéries de la famille des *Desulfobacteriaceae*. Leur métabolisme est très différent de celles que nous venons de voir. Comme leur nom le suggère, elles travaillent avec des composés de soufre à la place d'oxygène. Précisément, elles combinent des sulfates et du zinc prélevés dans l'eau du sous-sol pour en extraire l'énergie. Reste du sulfure de zinc. Ces cristaux microscopiques s'accumulent dans le biofilm que sécrète la colonie bactérienne sur la roche.

Les chercheurs ont aussi montré que ces bactéries extraient de l'eau des quantités significatives d'arsenic et de sélénium, qui s'accumulent elles aussi sur la roche. Poursuivie pendant des milliers d'années, cette activité a fini par engendrer de fortes concentrations de métaux. Il apparaît ainsi de plus en plus probable que la plupart des matières de la croûte terrestre dites non organiques, comme les métaux, sont un jour ou l'autre passées dans des bactéries, où elles ont subi des transformations notables. Le rôle des microbes dans la géologie ne fait plus aucun doute.

---

1. Banfield, Labren, De Stasio, Kemner, *Science*, 1er décembre 2000.

Elles ont fabriqué le charbon et le pétrole

L'utilisation des combustibles fossiles a radicalement modifié nos modes de vie. Depuis deux siècles, ils fournissent l'énergie grâce à laquelle nous nous déplaçons, nous chauffons et produisons une partie de notre électricité : mazout, essence, anthracite, coke, etc. Ils fournissent aussi des tas de produits chimiques et de matières plastiques qui finissent dans les objets de notre quotidien. On les qualifie facilement de synthétiques en oubliant souvent que pétrole et charbon sont tout ce qu'il y a de plus naturel, essentiellement des végétaux décomposés par des bactéries.

La houille[1] s'est formée entre – 280 et – 220 millions d'années à partir de la végétation de l'époquc. Dans un premier temps, les arbres, les herbes, les fougères, les buissons, etc., ont été décomposés par des organismes aérobies. Bactéries, champignons et insectes participent ainsi à la fabrication de l'humus. Ils s'attaquent d'abord aux parties les plus tendres des plantes, avant de toucher aux parois cellulaires faites de matériaux très résistants comme la lignine et la cellulose. Si lc proccssus se poursuit, toute la matière des plantes finit par être décomposée en gaz carbonique et en eau, les sels minéraux quant à eux retournant à la terre. C'est ce qui se passe encore habituellement dans une forêt ou une prairie.

1. Le terme *charbon* englobe à la fois la *houille*, datant de l'ère primaire, et la *lignite*, qui s'est formée plus tard, aux ères secondaire et tertiaire, elle aussi à partir de végétaux. Avec seulement 70 % de carbone, cette dernière fait un médiocre combustible, qui n'est exploité que faute de mieux.

Parfois le processus s'interrompt avant d'avoir atteint le stade ultime de décomposition. Les matières végétales restantes et les produits de la décomposition partielle peuvent se retrouver enfouis sous l'eau, dans des marécages littoraux ou lacustres. Cela donne une tourbe, qui sert parfois de combustible, quoique de piètre qualité. Pour que le processus de transformation qui va aboutir au charbon se poursuive, d'autres micro-organismes doivent entrer en action. Ce sont des bactéries anaérobies qui se servent de l'oxygène contenu dans ces matières pour les dégrader davantage, laissant derrière le carbone et l'hydrogène.

La houille se forme à partir de là par des processus physico-chimiques. Les matériaux qui s'accumulent au-dessus provoquent l'enfouissement progressif des matières organiques décomposées. Plus la profondeur augmente, plus la température et la pression montent. L'eau est expulsée, l'oxygène restant et l'hydrogène sont libérés. Il ne reste plus que du carbone (le charbon) et un peu de gaz méthane, responsable dans les mines des coups de grisou. Selon la nature des végétaux, le degré de décomposition avant enfouissement et les conditions de l'enfouissement, on obtient des houilles de différentes qualités. Les meilleures sont les anthracites, avec une teneur en carbone de 95 % (à titre de comparaison, le bois contient seulement 50 % de carbone).

Le processus de formation du pétrole est quelque peu différent, même s'il commence lui aussi par la décomposition bactérienne de matières végétales. Il s'agit surtout dans ce cas de phytoplancton. Dans les océans, le plancton ne vit guère au-delà de cent mètres de profondeur, la lumière n'étant plus suffisante pour permettre la photosynthèse. En mourant, ces organismes tombent et s'accumulent au milieu des sédiments[1].

Au fond de l'eau et dans les dix premiers centimètres de sédiments, des bactéries s'activent pour dégrader la matière organique. Si elles sont trop efficaces, tout sera vite décomposé, et il n'y aura pas de pétrole. Pour qu'il ait une chance de se former, il faut des milieux pauvres en oxygène, soit que l'eau elle-même en contienne peu (comme la mer Noire aujourd'hui), soit que les sédiments s'accumulent si vite que les matières se retrouvent enfouies à des profondeurs inaccessibles aux bactéries aérobies. Dans ces milieux vivent d'autres bactéries capables de dégrader la matière organique. Elle devient une substance brunâtre appelée *kérogène* (à ne pas confondre avec le *kérosène*, qui est un carburant pour avions issu de la distillation du pétrole).

L'accumulation de sédiments provoque l'enfouissement du kérogène. Avec l'augmentation de la température et de la pression, diverses transformations ont lieu :

– jusqu'à une température de 60 °C, le kérogène perd son eau et son gaz carbonique, tandis que des archéobactéries entrent en action pour former une partie du gaz naturel (méthane) ;

– entre 60 et 120 °C, les molécules organiques sont cassées en molécules plus petites qui constituent les hydrocarbures du pétrole ;

– au-delà de 3 000 mètres de profondeur, où la tem-

1. Les sédiments sont des sables et des boues provenant de l'érosion des continents ; charriés par les fleuves, ils s'accumulent au fond de la mer dans des bassins, parfois sur des kilomètres d'épaisseur ; compactés par la pression, ils forment des roches dites sédimentaires comme des calcaires ou des grès.

pérature dépasse facilement les 140 °C, seules subsistent des molécules de gaz et plus aucun hydrocarbure liquide.

À ce stade, le pétrole et le gaz remplissent des petits pores des roches sédimentaires, en particulier des grès et des calcaires. La pression a tendance à chasser les gaz et les liquides vers les roches les plus poreuses. Quand ils se heurtent à des structures qui interdisent leur progression, par exemple des couches d'argiles imperméables, il y a accumulation. Après quelques milliers, voire millions d'années, cela peut aboutir à un gisement de pétrole exploitable.

Elles ont fabriqué l'atmosphère

Bizarrement, l'atmosphère terrestre est à la fois fragile et robuste : fragile en cela que certaines perturbations peuvent la chambouler de fond en comble, et relativement robuste car il existe aussi des mécanismes de régulation qui la stabilisent.

Notre atmosphère présente des caractéristiques très singulières qui ne se retrouvent sur aucune autre planète connue. Sa composition correspond à ce qu'on appelle en physique un équilibre dynamique : équilibre, parce que les proportions des différents constituants restent à peu près constantes, et dynamique, parce que chaque élément est synthétisé et détruit continuellement, comme l'oxygène, produit d'un côté par photosynthèse et absorbé de l'autre par la respiration des animaux, ainsi que par divers phénomènes de combustion. Cela n'exclut pas de temps à autre des réarrangements complets, comme nous allons le voir, après quoi un nouvel équilibre dynamique s'instaure.

L'atmosphère terrestre est inséparable de la vie. Si tous les êtres vivants disparaissaient soudain, sa composition se modifierait radicalement pour évoluer vers un équilibre statique, comme sur les autres planètes[1].

	Atmosphère de la Terre actuelle en équilibre dynamique	*Atmosphère d'une Terre sans vie en équilibre statique*	*Atmosphère actuelle de Vénus*	*Atmosphère actuelle de Mars*
azote	78 %	1,9 %	1,9 %	2,7 %
oxygène	21 %	0	0	0,13 %
gaz carbonique	0,03 %	98 %	98 %	95 %
argon	1 %	0,1 %	0,1 %	2 %
pression	1 kg/cm²	60 kg/cm²	90 kg/cm²	0,64 kg/cm²
température moyenne à la surface	13 °C	60 °C	477 °C	– 53 °C

On pense aujourd'hui que l'atmosphère primitive de la Terre, au début de la vie, se trouvait en équilibre

1. D'après Lovelock, *op. cit.*, p. 60.

statique et dépourvue d'oxygène. Celui-ci, ainsi que presque tous les constituants de l'atmosphère actuelle comme l'azote et le gaz carbonique, est le produit des êtres vivants. Les gaz inertes comme l'argon, et dans une moindre mesure l'hélium, le néon, le krypton, le xénon, sont probablement les seuls d'origine incontestablement non organique.

L'oxygène n'était à l'origine qu'un déchet rejeté par les premières bactéries photosynthétiques. Bizarrement, malgré leur nombre, la teneur en oxygène dans l'atmosphère est longtemps restée très basse. Pendant près de 2 milliards d'années, soit près de la moitié de l'âge de la Terre, l'oxygène n'a été présent dans l'air qu'à l'état de traces. Où disparaissait-il, sachant que les animaux capables de l'utiliser n'existaient pas encore ?

En fait, l'oxygène libéré par les premières bactéries photosynthétiques restait dans l'eau où il provoquait la précipitation de grandes quantités de fer. À cette époque, l'eau de mer était fortement chargée en ions ferreux, Fe^{2+}, c'est-à-dire du fer ayant perdu deux électrons. En réagissant avec l'oxygène, ces ions se sont transformés en oxydes, Fe_2O_3 et Fe_3O_4, vulgairement appelés *rouille*. Cette rouille s'est déposée au fond des océans, créant ce qu'on appelle des formations sédimentaires rubanées. Ce processus s'est déroulé de – 3,2 à – 2 milliards d'années. Au gré des sédimentations, des dérives de plaques continentales et autres réarrangements géologiques, quelques-uns de ces dépôts ont fini en plein milieu des terres, où les hommes les ont trouvés. En d'autres termes, le minerai de fer, celui qui est exploité de nos jours pour faire la fonte et l'acier, est indirectement le produit des cyanobactéries.

Autre fait intéressant, on observe fréquemment dans ces sédiments riches en fer, des formes caractéristiques de nanobactéries. Des chercheurs pensent que ces bactéries minuscules ont contribué directement à la formation de la rouille. Ainsi, directement ou indirectement, les quelque 600 000 milliards de tonnes de fer terrestre sont le produit des bactéries.

Le processus de formation de la rouille dans les océans s'est brutalement arrêté il y a 2 milliards d'années. La raison probable en est que tout le fer dissous dans l'eau a fini précipité au fond sous forme d'oxydes. À partir de là, de très importants changements sont survenus :

– la teneur en oxygène dans l'eau puis dans l'atmosphère a rapidement augmenté, passant de moins de 1 % dans l'air à un niveau proche du niveau actuel qui est de 21 % ;

– cette augmentation brutale et massive a provoqué une gigantesque pollution, fatale à une foule de bactéries anaérobies, qui du coup se sont réfugiées dans des niches à l'abri de l'oxygène ;

– de nouveaux organismes sont apparus, les eucaryotes, capables d'utiliser efficacement et sans s'empoisonner l'oxygène libre ; à partir de là, ont pu se développer des organismes beaucoup plus complexes, aux besoins en énergie très élevés que seul l'oxygène peut fournir : des animaux qui nagent, qui courent, qui volent, des animaux à sang chaud, des animaux qui pensent, etc. ;

– par une série de réactions complexes, une partie de l'oxygène s'est transformée en ozone dans les hautes couches atmosphériques, créant un écran protecteur ; ainsi protégée des ultraviolets, la vie a pu sortir de l'eau et prendre pied sur la terre ferme.

Puis elles ont refabriqué l'atmosphère autrement !

Complètement chamboulée il y a 2 milliards d'années, l'atmosphère terrestre a rapidement trouvé un nouvel équilibre. Bizarrement, le taux d'oxygène s'est toujours maintenu aux alentours de 21 %, qui constitue une sorte d'optimum : moins d'oxygène réduirait les capacités des organismes complexes, comme le prouvent les difficultés qu'ont les alpinistes à gravir les très hauts sommets et le peu de vie qu'ils y trouvent ; plus d'oxygène conduirait à la disparition rapide de quasiment toute la végétation dans de gigantesques incendies. Il faut savoir qu'au-dessus de 25 % même les forêts tropicales gorgées d'humidité se consumeraient à la moindre étincelle. Or les organismes photosynthétiques produisent continuellement de l'oxygène, plus que n'en consomment les animaux. Sans des systèmes de régulation actifs, sa concentration s'élèverait rapidement au rythme de 1 % tous les 12 000 ans. Autrement dit, moins de 50 000 ans suffiraient pour atteindre la limite fatidique des 25 % où tout partirait en fumée. Or cela fait 2 milliards d'années que le taux reste stable autour de 21 %.

L'un des principaux facteurs de régulation de l'oxygène est le gaz méthane. Par une série de réactions, il consume chaque année d'importantes quantités d'oxygène. D'où vient-il ? Des bactéries évidemment, celles qui se sont réfugiées autrefois dans des niches parce qu'elles ne supportaient pas l'oxygène. Elles vivent aujourd'hui dans le système digestif des ruminants (qui éliminent le méthane qu'elles produisent par des pets), dans les marais et autres terres inondées comme les rizières, dans des sédiments marins pauvres en oxygène, etc.

Pour montrer que les régulations à l'œuvre dans Gaïa sont aussi complexes et efficaces que celles qui maintiennent en vie les mammifères, ajoutons ceci : le méthane remplit d'autres fonctions que la régulation de l'oxygène, c'est aussi un gaz à effet de serre [1], comme le gaz carbonique, qui de ce fait participe à la régulation du climat. D'autre part, le méthane n'est pas le seul gaz à participer à la régulation de l'oxygène. Il y a aussi le gaz carbonique (rejeté par la respiration des animaux et la combustion d'hydrocarbures), le protoxyde d'azote (produit par des micro-organismes des fonds marins) et l'azote lui-même qui, en tant que principal constituant de l'atmosphère (78 %, lui aussi produit par des bactéries), contribue à diluer l'oxygène.

Tout cela s'imbrique on ne sait trop comment pour aboutir, d'une part, comme nous venons de le voir, à une relative constance de la composition atmosphérique, proche d'un optimum pour la vie telle qu'elle existe depuis 2 milliards d'années, et d'autre part, à des conditions climatiques qui, pendant 4 milliards d'années, n'ont jamais été complètement défavorables à la vie – et ce malgré des modifications importantes de la configuration terrestre (avec notamment un volcanisme beaucoup plus actif au début), une augmentation de plus de 30 % de l'irradiation solaire (à comparer avec le fait que des changements de 2 % à des époques plus récen-

1. Ces gaz sont appelés ainsi parce qu'ils agissent comme les vitres d'une serre : ils laissent entrer l'énergie du Soleil, mais empêchent la chaleur rayonnée par le sol de s'échapper, d'où, comme dans une serre, une élévation de la température.

tes ont suffi à provoquer les ères glaciaires), des changements notables de la composition de l'atmosphère (concernant en particulier les teneurs en gaz à effet de serre). Malgré cela, l'eau des océans ne s'est jamais mise à bouillir, ni n'a gelé en totalité. Il y a toujours eu des endroits sur Terre favorables à la vie. Plus important, ce sont les êtres vivants eux-mêmes, notamment les bactéries, qui ont participé et participent encore à la création de conditions qui favorisent leur essor.

À quoi cela nous fait réfléchir

Considérer la Terre comme un être vivant permet de comprendre que la moindre action sur le non-vivant (le minéral, l'eau, l'atmosphère) peut avoir des effets à long terme sur tout ce qui vit. Cela nous oblige aussi à réaliser notre place dans l'évolution, et à en être digne. Il est absurde notamment que le confort d'une infime minorité sur une durée minuscule soit maintenu au détriment de la majorité des êtres vivants et des générations futures. Exploiter à l'excès les ressources terrestres, c'est forcément modifier les équilibres de la biosphère. Ainsi, depuis un peu plus de deux siècles, l'homme extrait et brûle des quantités toujours plus grandes de charbon et de pétrole. Ce faisant, il relâche dans l'atmosphère des tonnes et des tonnes de gaz carbonique. Comme il est relâché plus vite que les plantes ne l'absorbent par photosynthèse, il s'accumule dans l'air et contribue à changer le climat, provoquant un réchauffement par effet de serre. Nul ne doute plus que cela aura d'énormes conséquences, pour la plupart défavorables à l'homme : élévation du niveau des océans qui submergeront des îles et des zones côtières ; perturbations déjà notables dans les cycles des eaux et augmentation des écarts de température qui bouleverseront les cultures, etc.

Autres excès, les hommes ont trouvé des filons de minerais et ils ont ouvert des mines pour exploiter les métaux. Pour les purifier, ils ont dispersé dans la nature quantité de produits chimiques dangereux (acide sulfurique, arsenic, etc.). Résultat : presque tous les sites d'exploitation sont aujourd'hui dangereusement pollués. Alors, comble de l'ironie, on va chercher désespérément de l'aide auprès des bactéries : celles-là mêmes qui ont patiemment fabriqué ces minerais pourraient être domestiquées pour nettoyer les sols et les eaux des sous-produits nocifs de nos exploitations. On a même inventé un mot pour cette nouvelle activité, la *bioremédiation*, que nous découvrirons plus tard dans notre récit.

5.

À l'origine des êtres complexes

Les bactéries ont fabriqué les autres êtres vivants

Le nouveau décor est planté. Grâce à l'invention de la photosynthèse par les algues bleues, la Terre a changé d'air et de couleur. Dans le petit monde des bactéries, les choses s'organisent lentement. Il y a longtemps que ces petits êtres vivent ensemble, qu'ils se frottent les uns aux autres et qu'ils échangent leur code génétique. Des équipes composées de différentes souches de bactéries forment des confréries. Leurs cycles de vie s'imbriquent, si bien que les déchets des unes deviennent source de nourriture pour les autres. Elles semblent toujours prêtes à apporter leur contribution en gènes ou en produits métaboliques les plus variés. Ces bonnes relations et ces échanges sont source de création. Et certaines font parfois des inventions révolutionnaires. Voilà donc que des bactéries, petites mais pas stupides pour autant, décident de ne plus considérer l'oxygène rejeté par leurs congénères comme un poison mais comme une source d'énergie assimilable pour entretenir la vie. On ne sait trop comment elles inventent la respiration. L'oxygène qu'elles captent dans le milieu leur sert maintenant pour alimenter les réactions chimiques de leur organisme. Dans le même temps, s'organise une alliance qui va marquer l'un des premiers sauts complexifiants de la vie : certaines bactéries se joignent à d'autres au sein d'une association symbiotique. Stratégie de survie ? Les bactéries anaérobies qui reçoivent en elles ces nouvelles petites cousines, aérobies quant à elles, ne sont plus obligées de se réfugier dans les fosses noires des océans pour survivre. Beaucoup, pour qui cette évolution représente sans doute la dernière chance, acceptent l'invasion.

En s'installant chez leur hôte, les petites bactéries qui savent respirer l'oxygène ont gardé avec elles leur patrimoine génétique. Au cours des 2 milliards d'années qui vont suivre, la coopération va s'intensifier et des associations de plus en plus sophistiquées vont se produire entre les micro-organismes. Il deviendra alors nécessaire de mettre en commun les différents patrimoines génétiques et de les protéger. Plus question en effet de laisser flotter librement dans le cytoplasme ces précieux trésors, garants de la mémoire de la cellule et de sa reproduction. Pour les protéger, les bactéries vont donc regrouper les divers ADN en filaments, les chromosomes, et les entourer d'une membrane, le noyau cellulaire. Ainsi naît la première cellule eucaryote. La fabrication de cette cellule n'est que la suite d'une longue histoire d'association et de mise en commun. Ainsi certaines algues bleues qui ont inventé la photosynthèse ont-elles un jour été intéressées par cette cellule parfaite qui savait respirer. Les cyanobactéries ont peut-être fait le même calcul. Installées dans leur hôte, elles profiteront de son énergie qu'elles rejettent pour l'instant comme un déchet. Elles s'en serviront la nuit quand le soleil n'est plus là pour leur donner sa force. D'autres, comme les *spirochètes*, choisissent de rejoindre la cellule en apportant leur don pour le mouvement. Avec leurs flagelles ou leurs petits poils, elles sont les plus rapides du microcosme.

Ces associations sont d'une grande importance. Elles créent un nouvel être unicellulaire dix à vingt fois plus gros qu'une bactérie. Elles sont lentes aussi. L'acquisition capitale du noyau cellulaire tel que nous le connaissons nécessitera 2 milliards d'années. Aujourd'hui, les ancêtres unicellulaires des plantes et des animaux ont disparu mais les algues vertes, les amibes ou les paramécies sont encore des témoins cette époque.

Pendant très longtemps, la vie fut surtout représentée par des êtres unicellulaires, en fait des associations de bactéries regroupées en une seule cellule de vie performante. Une cellule eucaryote représente en effet une unité de vie très efficace, capable de transformer nombre de produits de son environnement, car l'oxygène qu'elle puise dans l'air lui apporte beaucoup d'énergie. Elle peut également accomplir de manière autonome toutes les autres tâches nécessaires à sa survie : se reproduire, percevoir l'environnement, se déplacer, éliminer les déchets. Elle est parfaite, mais sa croissance n'est pas indéfinie. Lorsqu'elle atteint une certaine taille, elle se divise. Il semble que certaines bactéries aient fini par trouver ces conditions trop monotones. Vivre en colonie, en faisant toutes la même activité, chacune dans sa cellule parfaite avec pour seul objectif de la reproduire, cela manquait peut-être de sel ? Ont-elles été obligées d'évoluer sous la pression d'un milieu devenu hostile ?

En fait, on ignore pourquoi elles ont repris le flambeau de l'évolution et ce qui les a poussées à changer.

On constate seulement que certaines ont un jour décidé d'inventer des êtres plus complexes, plus grands et plus « conscients ». Elles vont réaliser cette prouesse en se regroupant pour ne former qu'un seul corps, invention qui va leur permettre de se spécialiser. Pour obtenir un plus grand bien, elles acceptent de perdre leur autonomie en n'accomplissant plus qu'une seule tâche, une tâche choisie certainement en fonction de leur talent naturel. Le groupe de cellules qui s'occupent, par exemple, du mouvement ou des stimuli veille à son travail et l'exécute de mieux en mieux. Ainsi naissent les premières cellules musculaires ou nerveuses, les premiers organes. Ce passage d'une cellule à plusieurs a eu lieu dans les mers du précambrien, il y a un milliard d'années. Les premiers organismes pluricellulaires sont minuscules mais ils ne manquent pas d'imagination : nés dans une explosion de formes, il semble que toutes les possibilités aient été essayées, des plus bizarres comme l'*hallucigenia* avec ses sept bouches, aux plus sobres comme le petit *pikaia* qui ressemble à un minuscule ver de terre. Malgré les catastrophes naturelles et les changements climatiques, ou peut-être grâce à eux, des organismes pluricellulaires de plus en plus complexes vont voir le jour au fil des millénaires. L'imagination de la vie devra s'adapter aux contraintes du milieu, mais l'évolution ne s'arrêtera plus, aboutissant aux plantes, aux animaux, aux humains.

Comment on le sait

Des bactéries dans notre corps

Loin de nous être étrangères, les bactéries sont partie intégrante de notre corps. À côté de 100 000 milliards de cellules proprement humaines, notre corps porte autant de bactéries dans son système digestif, plus 1 000 milliards d'autres sur sa peau, et encore 10 milliards rien que dans la bouche. La plupart sont indispensables. Elles nous protègent de certains agents pathogènes, et elles nous nourrissent en transformant en substances assimilables par la paroi intestinale les restes d'aliments non digérés par l'intestin grêle[1]. De telles associations bénéfiques avec des bactéries se retrouvent chez tous les animaux ainsi que chez les plantes.

Mais il y a plus ! À un niveau plus profond, chaque cellule de notre corps pourrait être décrite comme un agrégat de bactéries vivant en symbiose. Une manière de concevoir la vie et l'évolution radicalement différente de la simpliste lutte égoïste pour la survie que nous raconte le scénario néodarwinien. L'idée n'est pas neuve. Déjà autour des années 1920, le biologiste russe Merejkovski et l'Américain Ivan Wallin avaient suggéré indépendamment que les cellules eucaryotes et les êtres complexes étaient nés de symbioses bactériennes.

1. On comprend les dangers pour le corps d'une cure prolongée d'antibiotiques, qui s'attaquent en général à toutes les bactéries sans distinction. On comprend aussi l'absurdité d'un excès d'hygiène, qui conduit à vouloir éliminer tous les microbes de la peau et de l'environnement, à grand renfort de produits désinfectants.

Idées reprises et approfondies depuis quarante ans par la biologiste américaine Lynn Margulis[1]. Accueillies au début avec beaucoup de scepticisme, ces conceptions, depuis, ont fait leur chemin, et les arguments en leur faveur s'accumulent. Comme dit l'un de leurs défenseurs, William Culberson, professeur de botanique à Duke University : « Lorsque j'étais étudiant, deux théories étaient ridiculisées pour nous montrer les dangers des extrapolations scientifiques : la théorie de la dérive des continents[2], et la théorie symbiotique d'origine de la cellule. Aujourd'hui elles font autorité. »

L'origine bactérienne de la cellule est pourtant moins connue du grand public que la dérive des continents. Mais grâce à une batterie d'outils et de techniques sophistiqués qui n'existaient pas au début du XXe siècle, du microscope électronique à la biologie moléculaire, c'est tout un nouveau panorama qui émerge, où l'imbrication entre procaryotes et eucaryotes d'une part, entre organismes unicellulaires et pluricellulaires d'autre part, apparaît intime et profonde. Il y a dans les cellules les plus primitives et les plus simples une richesse et une diversité qui préparent l'avènement des organismes complexes. Cela se joue à de multiples niveaux :

1. Lynn Margulis et Dorion Sagan, *L'univers bactériel*, Albin Michel, 1989.

2. D'autres avant lui avaient suggéré l'idée de la dérive des continents, mais Alfred Wegener (1880-1930) fut le premier à étayer cette hypothèse par un nombre considérable de preuves pour en faire une théorie scientifique digne de ce nom. Après des années de débats houleux, sa théorie fut finalement rejetée et oubliée par les géologues l'année même de sa mort en 1930, à cause sans doute des peurs à devoir abandonner les anciennes connaissances et cadres de référence. Ce n'est que lorsque Hess découvrit l'expansion des fonds océaniques en 1960 que ces idées refirent surface, pour aboutir à une reformulation de la théorie sous la forme moderne dite de la tectonique des plaques.

– toutes les cellules eucaryotes contiennent, au cœur même de leur cytoplasme, des organites qui sont des descendants de bactéries : c'est le processus d'*endosymbiose* ;
– tous les organismes pluricellulaires entretiennent des relations intimes avec des bactéries sans lesquelles ils ne pourraient vivre : c'est le processus de *symbiose* ;
– certaines bactéries ont des comportements collectifs qui préfigurent des organisations pluricellulaires.

Des bactéries dans les cellules eucaryotes

Repassons rapidement le film de l'évolution. Il y a presque 4 milliards d'années, la vie apparaît sur Terre sous la forme de bactéries. 2,5 milliards d'années plus tard, les cellules eucaryotes dotées d'un noyau font leur apparition. Elles donnent naissance, 500 millions d'années après, à des animaux et à des plantes multicellulaires. Les deux étapes capitales sont le passage des procaryotes aux eucaryotes, puis le passage des êtres unicellulaires aux être pluricellulaires. Pour franchir ces passages, il a fallu que les bactéries inventent d'autres processus que la lutte de tous contre tous. Pour Lynn Margulis, c'est par la coopération, l'association, la fusion qu'elles sont parvenues à créer des cellules plus perfectionnées et des être multicellulaires. Voyons comment a pu s'effectuer le passage des procaryotes aux eucaryotes.

À quelques exceptions près, rappelons-le, quasiment toutes les cellules eucaryotes (avec noyau) possèdent dans leur cytoplasme des organites essentiels appelés mitochondries, lesquels ne sont pas présents dans les cellules sans noyau. D'une taille de l'ordre du millième de millimètre, ils peuvent se compter en milliers dans une seule cellule et représenter jusqu'au quart de son poids.

Les mitochondries constituent en quelque sorte le système respiratoire des cellules eucaryotes. Ce sont de véritables petites centrales énergétiques. Grâce à l'oxygène pris dans l'air ou dans l'eau, diverses substances nutritives (notamment des hydrates de carbone comme le glucose) sont oxydées pour en extraire l'énergie. Cette énergie est mise en réserve dans des molécules (comme l'adénosine triphosphate ou ATP) afin de la rendre disponible aux autres éléments de la cellule et d'assurer des fonctions telles que la synthèse des protéines, les déplacements, la division, etc.

Chez les plantes, un autre organite est présent en grand nombre et joue également un rôle capital, le chloroplaste. C'est là que, en présence de chlorophylle, s'effectue la photosynthèse. Il s'agit d'une suite de réactions biochimiques complexes qui permet de fabriquer des hydrates de carbone à partir de gaz carbonique, d'eau et d'énergie lumineuse.

Plusieurs indices suggèrent que les mitochondries et les chloroplastes sont d'anciennes bactéries.

D'abord, une mitochondrie ne peut naître que d'une autre mitochondrie, tout comme un chloroplaste ne peut naître que d'un chloroplaste. En d'autres termes, le génome de la cellule hôte ne possède pas tous les gènes nécessaires à leur fabrication. Bien que vivant exclusivement dans le cytoplasme d'une cellule eucaryote, ils apparaissent comme des organismes relativement indépendants, disposant de leur propre matériel génétique, et de tout ce qu'il faut pour se reproduire[1].

1. Notons que, chez les êtres humains, les mitochondries sont transmises uniquement par les femmes, et que l'analyse de l'ADN

Ensuite, une observation plus approfondie révèle que les mitochondries et les chloroplastes ressemblent énormément à des bactéries : leur ADN se présente sous la forme d'un seul brin circulaire, comme chez les bactéries ; la structure de leurs ribosomes[1] et leur ARN ribosomal ressemblent à ceux des procaryotes, pas des eucaryotes ; des antibiotiques comme la streptomycine, qui bloquent la synthèse des protéines chez les bactéries, la bloquent aussi à l'intérieur des mitochondries et des chloroplastes, tandis qu'ils n'ont pas d'effet sur la synthèse des protéines dans le cytoplasme des cellules eucaryotes ; inversement, des inhibiteurs de la synthèse des protéines chez les eucaryotes, qui n'ont guère d'effet sur les bactéries, n'en ont pas non plus sur les mitochondries et les chloroplastes.

Voilà qui établit de manière certaine que mitochondries et chloroplastes sont apparentés aux bactéries. Plus précisément, les premières ressemblent aux bactéries modernes *Bdellovibrio* ou *Daptobacter*, les seconds aux cyanobactéries ou algues bleues.

Lynn Margulis défend également que les canaux où circulent les substances dans les cellules à noyau, de même que les cils et autres flagelles grâce auxquels elles se déplacent, seraient le fruit d'une endosymbiose avec une autre bactérie, du genre spirochète. Ces bactéries très mobiles auraient également servi à la formation des neurones et des spermatozoïdes. Tous les spirochètes n'ont pas choisi d'évoluer. Les descendants que l'on

mitochondrial permet de classer les populations selon leur degré de parenté et de les dater.

1. Rappelons que les ribosomes sont des organites qui effectuent la synthèse des protéines en traduisant le code génétique.

connaît aujourd'hui ont souvent une fonction d'éboueur. Ils mènent une existence symbiotique ou vivent en parasite avec les insectes, les mollusques, les mammifères et même les humains. Les bactéries spirochètes vivent à demeure dans nos gencives sans causer de mal, mais l'un de leurs représentants actuels, *Treponema pallidum*, est beaucoup moins amical. On le retrouve en effet dans le sang des malades atteints de syphilis.

Des procaryotes aux eucaryotes

À partir de ces observations, un scénario se dessine pour expliquer le passage des procaryotes aux eucaryotes.

Il y aurait eu une première fusion dans un milieu anaérobie (sans oxygène) entre une archéobactérie et une eubactérie. La première aurait fourni à ce nouvel être sa membrane et son cytoplasme, et la seconde lui aurait conféré sa mobilité ainsi que la capacité de se reproduire par mitose.

Avec l'accumulation d'oxygène dans l'air, ces ancêtres des procaryotes auraient été poussés pour survivre à incorporer d'autres bactéries, précisément les ancêtres des mitochondries. Cela a dû se passer il y a près d'un milliard et demi d'années. La bactérie fournissait à son hôte la capacité de vivre dans un milieu riche en oxygène ; l'hôte en retour procurait à la bactérie de la nourriture grâce à sa mobilité. Beaucoup, sans doute, moururent lors de ces tentatives d'association. Mais la « mayonnaise » finit par prendre, aboutissant à une véritable fusion : la cellule eucaryote.

Un peu plus tard, quelques-uns de ces eucaryotes auraient intégré des cyanobactéries, acquérant ainsi leurs capacités photosynthétiques.

D'autres variantes de ce scénario sont avancées par les chercheurs pour essayer d'expliquer telle ou telle particularité des eucaryotes par rapport aux procaryotes. Nous n'entrerons pas dans ces détails très techniques et si récents qu'un consensus est encore loin d'émerger. Mais le phénomène d'endosymbiose en lui-même ne peut plus être mis en doute. Sa réalité a été confirmée par une étonnante découverte de Kwang Jeon, un biologiste de l'université du Tennessee.

En 1966, Kwang Jeon a commencé à observer de nombreux petits points qui se développaient dans des amibes cultivées dans son laboratoire. C'étaient des bactéries. L'infection se révéla fatale pour la plupart d'entre elles. Un petit nombre pourtant survécut, que Jeon commença à suivre de près. Peu à peu, ces amibes revinrent à une existence normale. Le seul fait anormal était que la bactérie était toujours présente dans le cytoplasme de l'amibe. Il pouvait y en avoir plusieurs dizaines de milliers dans une seule, qui ne semblait pourtant guère en être affectée. Elle paraissait même contrôler leur population, digérant les bactéries en surnombre.

Dans les années 1980, il procéda à diverses expériences qui prouvèrent qu'une véritable relation symbiotique s'était établie entre l'amibe et la bactérie. Prenant une amibe qui n'avait jamais été infectée, il en ôta le noyau et le remplaça par celui d'une amibe qui vivait depuis des années en compagnie des bactéries. Cela fit un hybride qui se révéla incapable de survivre plus de quelques jours. Il eut alors l'idée de réinfecter cet hybride avec des bactéries. Surprise : l'amibe se remit à prospérer. Elle avait donc tellement évolué que la présence de la bactérie lui était maintenant indispensable.

Kwang Jeon a eu la chance extraordinaire d'observer sur plusieurs années le déroulement entier d'un processus d'endosymbiose. Une bactérie qui était initialement létale pour l'amibe a fini par devenir non seulement inoffensive, mais un véritable symbiote nécessaire à sa survie. Cela s'est fait en quelques années, sous les yeux des chercheurs. On imagine sans peine que des phénomènes d'endosymbiose beaucoup plus profonds ont pu se dérouler au cours des milliards d'années de l'évolution, pour produire des cellules à noyau, puis toute une variété d'êtres unicellulaires et pluricellulaires.

Elles sont le premier moteur de l'évolution

L'existence des endosymbioses conduit à réviser en profondeur notre conception de l'évolution. Au risque de choquer, une « infection » dans ce contexte n'est plus forcément synonyme de danger, de malice ou de mort. Elle pourrait être dans certains cas une étape d'un processus de symbiose long et complexe[1], un jeu d'acceptation et d'intégration de l'autre qui ferait d'elle un puissant mécanisme d'évolution à travers des coévolutions au niveau microscopique.

La symbiose permet à un organisme d'assimiler des gènes étrangers, ce qui lui confère de nouvelles capacités. Intégrer des gènes qui ont déjà fait la preuve de leur efficacité est évidemment un mécanisme évolutif beaucoup plus efficace que les mutations au hasard chères à Darwin et ses suivants. Ce processus de transmission horizontal permet une variabilité plus grande que la transmission verticale de parents à enfant, parce qu'elle franchit la barrière des espèces. C'est ce que suggèrent

1. Songeons que la capacité d'apprentissage de notre système immunitaire est analogue à ce processus.

les deux exemples suivants de symbiose entre des bactéries et des êtres complexes.

Immaculée conception

Une symbiose est une association mutuellement bénéfique entre deux organismes. Lorsque la relation dégénère et ne profite plus qu'à l'un des partenaires au détriment de l'autre, on parle de parasitisme. La frontière n'est pas toujours très nette. La bactérie *Pseudomonas aeruginosa* vit habituellement sur notre peau de manière discrète. Mais en cas de brûlure sévère, elle est susceptible de causer des infections. Le cas de *Wolbachia* est encore plus trouble.

Imaginez l'émoi si l'on découvrait que des jeunes femmes vierges tombaient subitement enceintes et donnaient naissance à des bébés parfaitement constitués et en bonne santé ; imaginez la catastrophe si le responsable n'en était ni Dieu ni des manipulations humaines, mais une simple bactérie. Impensable, direz-vous. De fait, rien de tel n'a jamais été observé chez les humains. En revanche, le phénomène existe bel et bien chez les insectes et autres arthropodes[1]. La responsable en est une bactérie du nom de *Wolbachia*. La stratégie du parasite/symbiote – on ne sait trop comment le caractériser – diffère selon la souche et selon l'hôte.

Chez la guêpe trichogramme, l'infection de *Wolbachia* rend les femelles capables de se reproduire par parthénogenèse. Comme dans la petite fable ci-dessus,

1. Les arthropodes sont des animaux invertébrés pourvus d'un squelette extérieur comme les insectes, les crustacés, les araignées, etc.

elles n'ont plus besoin des mâles pour procréer. La bactérie permet le dédoublement du matériel génétique d'un ovule non fécondé, ce qui en fait un œuf parfaitement constitué, qui se développe normalement et donne naissance à des femelles.

Autre stratégie chez la mouche drosophile : en empoisonnant le sperme, *Wolbachia* rend stériles les femelles non infectées fécondées par des mâles infectés. En revanche, les femelles infectées produisent un antidote. Ainsi protégées, leur union avec un mâle infecté est féconde.

Variante chez certaines guêpes : l'union entre une femelle non infectée et un mâle infecté ne donne naissance qu'à des mâles. Dans un cas comme dans l'autre, cela aboutit rapidement à une infection de toute la population.

Autre stratégie encore chez certaines espèces de papillons, chez le pou du bois, ainsi que chez les cloportes : la bactérie transforme carrément les embryons mâles en femelles.

Tout cela ressemble fort à du parasitisme : la bactérie se servirait de ses hôtes au mieux de ses intérêts. À moins que ce ne soit le début d'une association plus profonde ? Car de véritables cas de symbioses ont été observés, comme chez l'hyménoptère *Asobara tabida* ou le ver nématode responsable de l'éléphantiasis chez l'homme. Cette fois, c'est l'élimination de *Wolbachia* et non plus sa présence qui rend les femelles d'hyménoptère stériles et qui entraîne carrément la mort du ver.

Plus étonnant encore, on a observé chez des guêpes que cette bactérie participait au développement d'une nouvelle espèce. Chez les guêpes du genre *Nasonia*, *Wolbachia* agit sur ses hôtes mâles en altérant leur sperme. Cela rend impossible l'union avec une femelle non infectée. En revanche, si le mâle infecté s'unit avec une femelle elle aussi infectée, celle-ci est capable de remettre en état le sperme altéré, et l'union devient féconde. Cela pourrait indiquer un début de séparation entre deux espèces.

Pour en avoir le cœur net, John Werren et son équipe de l'université de Rochester ont étudié deux espèces relativement proches, l'une, *Nasonia giraulti*, qui vit dans le nord-est des États-Unis, et l'autre, *Nasonia longicornis*, qui vit à l'Ouest. Les deux espèces portent des souches différentes de *Wolbachia*. Croisées en laboratoire, *Nasonia giraulti* et *Nasonia longicornis* produisent peu d'hybrides viables.

Les chercheurs ont eu l'idée de soumettre les guêpes à une cure d'antibiotiques. Après trois générations, enfin débarrassées de la bactérie, elles sont devenues capables de se croiser. Cela prouve que *Wolbachia* est la barrière la plus élevée au croisement des deux espèces. Selon Werren, les deux groupes remonteraient à une même espèce de guêpes qui se seraient dispersées sur deux territoires. Infectés par *Wolbachia*, ils auraient amorcé un processus de séparation destiné à aboutir à deux espèces bien distinctes. « Nos découvertes suggèrent fortement que *Wolbachia* n'est pas juste spectatrice de cette évolution ; il semble que ce parasite joue un rôle actif[1]. »

Wolbachia peut être vu à un premier niveau comme un parasite qui affecte la capacité de reproduction des espèces qu'il infecte. Mais, à un second niveau, la bactérie se révèle aussi un moteur d'évolution, analogue

1. Borderstein, O'Hara, Werren, « *Wolbachia*-induced incompatibility precedes other hybrid incompatibilities in *Nasonia* », *Nature*, 409, février 2001.

aux endosymbioses bactériennes à l'origine des eucaryotes. Point de vue conforté par le fait que, selon les estimations les plus récentes, la bactérie serait présente dans 75 % des insectes. Un taux aussi élevé ne se comprendrait pas si sa présence n'avait que des effets néfastes.

Trop sensible à la température, *Wolbachia* n'est pas présente chez l'homme. Mais il est fort possible que d'autres bactéries jouant un rôle similaire existent aussi chez les vertébrés, à sang chaud ou à sang froid. Sans doute les trouvera-t-on le jour où on commencera à les chercher.

Le calamar luminescent

Euprymna scolopes est un calamar qui vit à Hawaï. Le jour, il reste enfoui sous le sable des hauts fonds ; la nuit, il sort de sa cachette et part en quête de nourriture près de la surface. Par les nuits de lune, vue depuis le fond de ces eaux claires du Pacifique, sa silhouette se détache nettement comme une tache sombre mouvante : une proie toute désignée pour les prédateurs qui nagent en dessous.

Pour se rendre moins vulnérable, *Euprymna scolopes* a trouvé une solution originale : il émet une lumière diffuse qui se confond avec celle de la lune réfractée par les vaguelettes en surface. Elle jaillit d'un organe lumineux spécialement dédié. Celui-ci est doté de dispositifs sophistiqués lui permettant de canaliser et de réguler le flux lumineux afin de mieux se fondre mimétiquement dans la clarté nocturne : il y a un système de fermeture, l'organe est recouvert d'une lentille transparente munie d'un filtre jaune, tandis que le fond est tapissé d'un tissu réfléchissant couleur argent.

Comment le calamar produit-il sa lumière ? Un début de piste : des bébés calamars élevés dans un milieu stérile ont un organe lumineux atrophié et ne produisent aucune lumière. La responsable du phénomène, c'est une bactérie appelée *Vibrio fischeri.* C'est elle qui tout à la fois stimule le développement de l'organe et produit la lumière. Dans les relations symbiotiques entre des organismes complexes et des bactéries, le symbiote est généralement transmis directement à l'hôte par les parents. Tel n'est pas le cas ici. Le bébé calamar naît sans son symbiote. Celui-ci vit dans la mer où le jeune calamar doit aller le chercher.

L'organe lumineux communique avec l'extérieur par des petits pores. À l'entrée, il y a de petits bras garnis de cils qui font circuler l'eau. Au rythme de deux millimètres cubes brassés chaque seconde, sachant qu'il y a environ cinq cents *Vibrio fischeri* par millilitre d'eau, cela fait en moyenne une bactérie de la bonne espèce qui approche toutes les secondes de l'entrée. Mais approcher est une chose, pénétrer en est une autre, car un tel courant a tôt fait de rejeter au loin ces organismes minuscules. Et puis, c'est sans compter que toutes sortes de bactéries prolifèrent dans ces eaux, dont l'animal n'a que faire.

Le petit calamar a trouvé le moyen de retenir les *Vibrio fischeri* assez longtemps pour les inciter à entrer par les pores et coloniser son organe lumineux, tout en excluant les autres bactéries. Pour ce faire, il sécrète une substance mucilagineuse qui enrobe les petits bras de l'organe lumineux embryonnaire. Les *Vibrio fischeri* viennent s'y coller, et, trouvant ce milieu à leur goût, prolifèrent. Elles sont vite assez nombreuses pour que quelques-unes décident de tenter leur chance ailleurs. Elles ne vont pas bien loin : propulsées par leur flagelle, elles s'insinuent dans les pores et parviennent finalement dans l'organe lumineux.

La présence du symbiote est vite détectée par le calamar qui fait régresser les petits bras devenus inutiles. Il influence également le symbiote : les bactéries perdent leur flagelle, diminuent de taille et commencent à émettre de la lumière. Quelques semaines après le début de la colonisation, l'organe lumineux est pleinement opérationnel. Le calamar dispose d'un moyen de camouflage efficace contre les prédateurs qui hantent les fonds marins, et les bactéries trouvent au sein de leur hôte protection et nourriture.

Pour boucler la boucle, chaque matin, le calamar expulse les neuf dixièmes des bactéries qui peuplent l'organe lumineux. Cela assure une présence permanente de *Vibrio fischeri* dans l'eau de mer. Un nouveau bébé calamar sort de l'œuf, ses petits bras enduits de mucus battent l'eau devant l'organe lumineux, des bactéries s'y collent, et l'histoire recommence.

Mais l'histoire ne se répète jamais exactement à l'identique. En tout cas, celle-ci a dû avoir un curieux commencement, car nous voici au cœur d'un mystère. Il se trouve en effet que, en dehors de l'organe lumineux du calamar, les bactéries *Vibrio fischeri* ne produisent pas de lumière. Pour en émettre, il leur faut auparavant échanger des signaux chimiques. La concentration de ces signaux dans l'eau libre est en général insuffisante pour déclencher une émission lumineuse. Et quand bien même quelques bactéries se mettraient à rayonner, elles passeraient inaperçues tant l'intensité est faible, sans compter que cela constituerait un gaspillage d'énergie. En revanche, au sein de l'organe lumineux du calamar où la nourriture est abondante, les bactéries prolifèrent. Leur densité est telle que le signal chimique est assez fort pour déclencher l'émission de lumière. Elles sont si nombreuses que l'addition de tous ces rayonnements infimes produit une luminescence parfaitement visible.

Questions : Qu'est-ce qui a incité les ancêtres de ces calamars à s'associer avec ces bactéries pour faire fonctionner leur organe lumineux, sachant que celles-ci ne produisent pratiquement pas de lumière perceptible en dehors dudit organe ? Comment ont-ils fait ensuite pour procurer à *Vibrio fischeri* et à elle seule un environnement favorable à sa croissance ? Comment la bactérie a-t-elle développé un double mode d'existence : en eau libre avec un flagelle et dans l'organe lumineux sans son flagelle ? Quels moyens de communication ont été conçus pour signaler à l'hôte la présence de son symbiote afin de stimuler le développement de l'organe lumineux ?

Beaucoup de questions, et guère de réponses pour l'instant. Le temps, le hasard et la nécessité, des essais et des erreurs, voilà comment les deux espèces en seraient arrivées là si l'on en croit la plupart des scientifiques. On ne saurait s'en satisfaire quand on constate que de tels cas de symbioses sont légion, qu'il n'y a guère de ratés et que la nature n'a pas vraiment pris le temps de flâner. D'autres mécanismes beaucoup plus profonds que les mutations au hasard et la sélection naturelle doivent être à l'œuvre pour rendre compte de telles évolutions.

Au-delà de ces questions, on ne peut s'empêcher de s'en poser une autre : où le calamar est-il aller pêcher cette drôle d'idée selon laquelle rendre son corps luminescent le protégerait des prédateurs ? Encore une fois, prétendre que c'est le fait du hasard et du temps n'a aucun sens. Son ancêtre n'a pas eu des milliards d'années pour tenter toutes sortes d'expériences. D'une part, il n'y a aucune trace de telles tentatives ; d'autre part, la première erreur aurait été fatale, l'espèce disparaissant sous la dent des prédateurs. Il n'y avait pas le choix, cela devait réussir du premier coup. Mais alors, cela veut dire que « quelque chose » avait d'une manière ou d'une autre la perception de la situation globale : le calamar nageant près de la surface, la lumière de la lune au-dessus réfractée par les vagues, la silhouette se détachant lorsqu'elle est vue du fond par un prédateur, *Vibrio fischeri* émettant de la lumière, un futur organe lumineux qui abriterait une colonie de bactéries. En plus de cette connaissance, il devait y avoir une forme d'intelligence créative pour projeter l'idée que rendre ce corps luminescent constituerait une réponse appropriée au danger. Où se situe cette intelligence ? Réside-t-elle dans le code génétique, en deçà, au-delà ? Est-elle toujours à l'œuvre ? Le processus de symbiose bactérienne est encore loin de fournir ces réponses. Il a au moins le mérite d'ouvrir de nouvelles pistes de recherches.

Elles ont inventé la division du travail

Le mystère reste entier aussi pour expliquer l'autre événement fondamental de l'évolution : le passage des êtres unicellulaires aux êtres pluricellulaires. Ce changement de l'un au multiple n'est pas un simple effet de juxtaposition. Il y a un saut qualitatif qui, à travers des comportements nouveaux, témoigne d'une connaissance, pour ne pas dire d'une conscience, de l'existence d'une entité plus vaste qui dépasse l'individu. Mettez des mouches ou des sauterelles ensemble, vous n'aurez jamais qu'un nuage, qui disparaît avec la mort de ses membres, et dont les comportements, si dévastateurs qu'ils soient, ne sont jamais que la stricte addition de comportements individuels. Prenez a contrario des insectes sociaux comme les fourmis, les termites ou les abeilles, et vous verrez que les individus participent à l'existence d'une entité qui les dépassent. La fourmilière, la termitière ou la ruche sont des œuvres collectives, qui transcendent et survivent à leurs constructeurs.

De même, notre corps n'est pas un simple assemblage de cellules. Il y a entre elles un couplage très intense, grâce à des moyens de communication variés, qui assure sa pérennité au-delà de la vie de ses constituants. Grâce à cinquante tonnes de matières solides et liquides ingérées et excrétées sa vie durant (sans compter l'air), soit près de huit cents fois son poids, un corps humain se reconstruit entièrement tous les sept ans environ. Certaines cellules se renouvellent en quelques heures, comme celles qui tapissent l'estomac, d'autres en quelques jours, d'autres encore en quelques mois, jusqu'aux parties les plus solides, les os, dont le calcium est continuellement dissous et redéposé. L'explication par des voies uniquement biochimiques d'une telle organisation reste à démontrer.

De la fraternité des « petites vies »

On pourrait tout simplement penser que si les cellules de notre corps collaborent, c'est certainement parce que leurs ancêtres les bactéries l'ont toujours fait. Depuis le début, les bactéries se touchent et interagissent entre elles. Pour se reproduire, nous l'avons vu, elles se multiplient par scissiparité : la cellule grossit et se divise transversalement lorsque l'ADN s'est lui-même dédoublé. C'est simple et rapide. Pourtant, cette reproduction du moi par moi n'a pas l'air d'être la panacée, car presque en même temps que la scissiparité, les bactéries ont inventé d'autres moyens de reproduction dont le but semble être de permettre, outre une reproduction sous différentes conditions environnementales, un brassage du matériel génétique. Certes, ce n'est pas une sexualité à proprement parler, mais il existe déjà des bactéries dites femelles et d'autres mâles qui ne possèdent pas la même morphologie, les mâles ayant des flagelles ou des cils et les femelles en étant dépourvues. Quand elles se rencontrent, la bactérie mâle cède un fragment de son ADN à la bactérie femelle. Rencontre toujours bénéfique qui inaugure une vie de groupe. Car ce n'est qu'un début. Les chercheurs observent en effet de plus en plus souvent les bactéries dans des situations qui s'apparentent plus à des organisations multicellulaires qu'à des vies individuelles autonomes. Elles forment des communautés, chassent en bandes, communiquent entre elles pour diriger des mouvements d'ensemble et se sacrifient pour la survie du groupe.

Ce sacrifice est-il forcé ou librement consenti ? Le doute est possible avec *Bacillus subtilis*. En période de disette, cette bactérie libère une substance qui fait exploser la structure cellulaire de ses sœurs. Un acte qui lui permet de se nourrir des substances nutritives libérées par les défuntes. Chez cette bactérie, la survie de l'espèce passe incontestablement avant celle de l'individu. Mais l'on a pu constater aussi de véritables « suicides » chez certaines bactéries qui ne supportent pas la déshydratation. Sans protection dans un milieu trop sec, une partie des bactéries font éclater leur cellule. Ce faisant, elles libèrent des protéines, des sucres et d'autres substances qui jouent un rôle protecteur pour les autres bactéries. Si la population est suffisamment dense, il y a assez de substances protectrices relâchées pour protéger les autres qui, du coup, survivent.

Idem chez des bactéries qui ne tolèrent pas le froid parce qu'elles ne possèdent pas suffisamment de substances cryoprotectrices comme des glycérols. Cette fois encore, si la population est assez nombreuse, les premières qui meurent libèrent des substances qui protègent les survivantes.

Cet esprit de sacrifice n'est encore rien en comparaison de certains comportements des myxobactéries. Le genre *Myxococcus* forme un groupe assez répandu de bactéries aérobies. On les retrouve un peu partout, jusqu'en Antarctique. Mais leur habitat de prédilection est la matière organique en décomposition : litières forestières, bouses, compost, etc. Certaines espèces vivent directement de cette matière organique en dégradant la cellulose. D'autres se nourrissent de protéines, prenant pour proies des microbes qui prolifèrent dans ces milieux. Elles sécrètent des antibiotiques pour les tuer et des enzymes pour les dissoudre en substances assimilables. Ces myxobactéries révèlent deux intéressants comportements collectifs : la chasse et la reproduction.

Les colonies de myxobactéries sont capables de mouvements hautement coordonnés qui leur permettent de chasser en bandes, un peu comme une horde de loups. Elles peuvent former des sortes de pièges pour entourer leurs proies et les digérer. Chaque membre de la colonie participe à la production d'enzymes qui servent à briser en petits morceaux les parois cellulaires de leurs victimes, ainsi que les protéines et les acides nucléiques. Paradoxalement, alors qu'un individu tout seul n'en produit pas suffisamment pour se nourrir lui-même, la colonie dans son ensemble y parvient. Comment se déplace la colonie reste en grande partie un mystère. On sait que les cellules sont en contact grâce à des petits cils ou des poils, qu'elles échangent des messages chimiques et qu'elles sécrètent en avançant une sorte de bave qui guide les suivantes. Mais cela n'explique pas comment elles parviennent à agir comme une seule entité.

Non moins étonnante est la « fructification » d'une colonie de myxobactéries. Lorsque les conditions de vie se dégradent, une sécheresse par exemple, certaines espèces se rassemblent en un corps multicellulaire qui compte une centaine de milliers de membres. Cela peut être considéré comme un début d'organisation pluricellulaire. Preuve de sa complexité, les chercheurs ont montré chez *Myxococcus xanthus* que ce processus requiert au moins cinq types différents de signaux intercellulaires.

La structure qui en résulte est relativement élaborée, prenant la forme d'un arbre. Bien que minuscule, cet ensemble constitué de cellules empilées les unes sur les autres est tout de même suffisamment grand (0,1 mm, voire plus) et coloré (en jaune, en rouge ou en brun) pour être visible à l'œil nu. Le « tronc » et les « branches » de l'« arbre » sont faits de bactéries mortes qui se sont autodétruites en arrivant là. Les autres poursuivent leur progression, escaladant les corps de leurs sœurs mortes en suivant la trace de bave. Parvenues au sommet, elles se différencient en organes fructifères. Ce sont en effet comme des « fruits », dans lesquels certaines cellules se transforment en spores analogues à des

« graines », des *myxospores*, capables de résister plusieurs années à la chaleur, à la dessiccation, aux ultraviolets, etc. Un tel fruit peut facilement voyager, sur la patte d'un insecte par exemple. Lorsqu'il retrouve des conditions favorables, il germe littéralement. Toutes les spores redeviennent des cellules végétatives, et une nouvelle colonie se reconstitue.

Parler ainsi d'« arbre », de « branches », de « tronc », de « fruits », de « graines » peut paraître excessif. On peut avoir quelques réticences à considérer cet ensemble de bactéries comme un véritable organisme pluricellulaire. Cela y ressemble pourtant fortement. Toutes les capacités requises sont déjà présentes : la capacité de communiquer entre les cellules (par le toucher, l'échange de signaux chimiques, etc.), la capacité de se différencier, de jouer des rôles différents, de collaborer à l'édification de structures relativement complexes, d'avoir des mouvements coordonnés avec une intention précise, de se sacrifier individuellement pour la survie de la colonie. Et tout ça chez des petites vies d'un millième de millimètre de diamètre et quelques millièmes de millimètre de long, qui ne disposent même pas d'un grumeau de cervelle ! Étonnant, non ?

À quoi cela nous fait réfléchir

La poussée évolutive

Lorsque nous pensons « bactéries », nous avons tendance à y associer automatiquement le qualificatif de « simple ». Il est vrai qu'il y a un monde d'écart entre elles et nous. Ce n'est pas juste une question de nombre de constituants et de taille ; c'est surtout une incommensurabilité dans nos manières de nous représenter le monde et dans ce que nous vivons intérieurement.

Pourtant, nous ne sommes peut-être pas si éloignés que nous aimerions le croire de nos ancêtres les bactéries. Dès le début, l'existence du code génétique signe l'intention de la vie. Pulsion, instinct, désir ou jeu de forces électrochimiques, le résultat est là : la bactérie est codée pour satisfaire un désir de vivre. On pourrait même dire un désir de vivre de mieux en mieux, le plus longtemps possible (90 % de son patrimoine génétique est utilisé pour s'adapter au milieu). On constate aussi que ce désir ne fait que se complexifier au fil de l'évolution des espèces : 23 paires de chromosomes chez l'homme, à peine un chez la bactérie. Apparition des organes des sens, du cerveau, de la pensée... Vivre de mieux en mieux. Malgré les apparences, nous poursuivons toujours la même quête.

Les mêmes désirs conditionnent en effet toute notre existence. La faim d'abord, qui pousse l'homme en quête de nourriture ou de son substitut moderne, l'argent. La pulsion de reproduction, qui éveille en nous le désir sexuel et le besoin d'amour. Le besoin de se protéger, de se défendre, qui nous incite à nous regrouper, à guerroyer, et qui alimente le besoin de reconnaissance sociale.

Au-delà de ces besoins simples et de la crainte de ne pouvoir les assouvir, il y a aussi un désir profondément enfoui de dépasser les obstacles, un désir d'accomplissement qui est le moteur même de l'évolution. Cela entraîne non seulement le vivant à conquérir l'environnement, mais aussi à le changer pour le rendre en quelque sorte vivant à son tour. Les bactéries ont chamboulé la planète, apportant la vie jusque dans ses moindres recoins, façonnant l'atmosphère, la géologie, le climat, inventant au fil des temps des êtres de plus en plus complexes. Il est logique que l'homme, avec d'autres outils, poursuive le même dessein.

Sauf que le milieu transformé par nos soins satisfait de moins en moins nos désirs les plus profonds. Au stade de la conscience réflexive, on aurait pu imaginer que la pulsion évolutive venue du fond des âges pousse les humains à bâtir un monde conforme à leurs plus beaux rêves, de bonheur et d'harmonie. Au lieu de cela, nous avons refaçonné le milieu à la mesure de nos peurs, peur de manquer, peur des bêtes féroces, peur des catastrophes, peur du noir, peur du changement et peur des autres. Ainsi nous nous sommes de plus en plus coupés de la vie qui nous a faits, et du même coup nous avons perturbé le métabolisme de la biosphère. Malgré ce constat guère réjouissant, certains rêvent d'une coupure encore plus radicale. Dans des laboratoires, des chercheurs inventent un surhomme machine bionique, avec des implants partout et des prolongements informatiques directement reliés au cerveau. D'autres préféreraient manipuler génétiquement notre espèce, pour l'améliorer à leur manière. Les deux écoles avancent de front, en s'appuyant sur la vision mécaniste de l'humain, que sous-tend le néodarwinisme.

La poussée collective

Mais pourquoi avons-nous peur ? Nous venons de constater que l'évolution n'est pas exclusivement une lutte destinée à éliminer continuellement les concurrents les moins adaptés. Elle ressemble plus à un processus de transformation global, un flux permanent d'êtres qui s'interpénètrent, et ce faisant se diversifient, se complexifient, développent de nouvelles capacités et qualités, élargissent leurs champs d'expériences. La compétition, la lutte pour la vie existent aussi, mais ne sont que des apparences à un instant donné, un moment initial d'un processus qui finit par lier des êtres dans des relations symbiotiques de dépendance mutuelle. On peut sourire lorsqu'on parle de coopération entre les atomes pour former des molécules, mais lorsqu'il s'agit des lois de la vie, ce n'est pas faire de l'anthropomorphisme que de constater que les bactéries se sont unies pour construire au fil des millénaires des êtres de plus en plus complexes. Aujourd'hui, certains patrons d'entreprise inquiets des méfaits de la compétition découvrent avec étonnement les vertus de la coopération sous la forme de stratégies dites gagnant-gagnant. Ils ne font que retrouver une loi naturelle d'évolution. On pourrait aller encore plus loin, rêver comme le père Teilhard de Chardin d'une *noosphère*[1], souhaiter qu'à l'âge de la mondialisation, l'humanité se conçoive comme un

1. Pierre Teilhard de Chardin, *Le phénomène humain*, Seuil, coll. Points, 1970.

ensemble de cellules formant un immense corps en harmonie avec la planète. Un rêve de bactérie mégalomane ? Certainement, car en ce début de XXIe siècle, un tel saut qualitatif dépasse toujours nos capacités d'entendement, tout comme les processus d'assemblage des bactéries dépassent nos théories explicatives du vivant.

6.

Aux frontières de la vie

Toutes surdouées

Sommes-nous réellement si limités ? Pourtant l'épopée des petits êtres devrait nous apprendre que rien ne semble impossible à la vie. Il suffit d'observer les archéobactéries. Une de leurs particularités est leur incroyable capacité à vivre et s'épanouir dans des milieux hostiles. Elles résistent au froid extrême, à des chaleurs torrides, elles se développent sans lumière, dans des milieux acides ou basiques. Elles vivent tranquillement sous de très hautes pressions ou dans des saumures. Les archéobactéries ne cessent de nous étonner. Mais elles ne sont pas les seules à accomplir des prodiges. Leur cousines, les eubactéries, sont capables de bien d'autres prouesses, comme devenir immenses ou minuscules, traverser l'espace ou le temps, résister aux radiations mortelles ou se prendre pour des extraterrestres.

Comment on le sait

Cela n'existe pas, tellement c'est gros

Chacun sait bien qu'un microbe, c'est microscopique, cela ne se voit pas à l'œil nu. N'empêche : *Thiomargarita namibiensis* est en moyenne grande comme le point de ponctuation qui termine cette phrase. Cela ne l'a pas empêchée de passer totalement inaperçue jusqu'à l'année de sa découverte, en 1997. Ou alors, si un biologiste avait eu l'occasion de remarquer ces petits points brillants collés les uns aux autres pour former comme des colliers de perles, il n'avait pas osé penser que cela pût être des bactéries, parce que justement une bactérie ne peut être que microscopique.

Membre de l'Institut Max-Planck de microbiologie marine, Heide Schultz était peut-être un peu plus curieuse. Elle participait en cette année 1997 à une mission de recherche internationale au large des côtes de la Namibie. Il s'agissait de fouiller les sédiments marins à la recherche de formes de vie adaptées à cet environnement pauvre en oxygène mais riche en composés soufrés. Ces côtes ressemblent beaucoup aux côtes ouest de l'Amérique du Sud qui avaient été explorées par cette même équipe lors d'une précédente expédition. Des courants marins froids apportent en surface de nombreux éléments nutritifs. La lumière du Soleil aidant, le phytoplancton prolifère, essentiellement des algues microscopiques dont se nourrissent de nombreux bancs de poissons. Une proportion notable de ces algues est entraînée vers le fond de la mer où des bactéries les décomposent. Ce sont des bactéries anaérobies qui tirent leur énergie de l'oxydation de sulfures à l'aide de nitrates. Le problème est que les sulfures sont enfouis au milieu des sédiments tandis que les nitrates sont dissous dans l'eau de mer. Comment les bactéries réunissent-elles ces deux nutriments ?

Lors de leur précédente expédition le long des côtes du Chili et du Pérou, les chercheurs avaient trouvé une bactérie qui a résolu le problème d'une manière originale. Son nom est *Thioploca.* Elle vit parmi les sédiments dans une sorte de petit fourreau, faisant sans cesse la navette entre le bas et le haut : elle monte à la surface des sédiments pour rejoindre l'eau et faire le plein de nitrates, un peu comme on prend sa respiration avant de plonger, puis elle redescend au cœur des sédiments pour y faire le plein de sulfures, et ainsi de suite.

La similitude entre la côte Pacifique de l'Amérique du Sud et la côte namibienne avait incité les chercheurs à voguer au large de l'Afrique à la recherche de bactéries semblables. C'est ainsi que Heide Schultz a découvert *Thiomargarita namibiensis* dans des échantillons de sédiments prélevés sur le plateau continental. La bactérie est de forme sphérique, reliée en une petite chaîne à une douzaine de ses compagnes par une sorte de mucus, et elle réfléchit très bien la lumière grâce aux granules de sulfures qu'elle contient. Cela ressemble à un petit collier de perles – de là le nom qui lui a été donné et qui signifie littéralement « perle soufrée de Namibie ». En plus, elle est énorme, pour une bactérie du moins, avec un diamètre moyen de 0,2 millimètre, et des spécimens qui atteignent jusqu'à trois quarts de millimètre.

Bref, on ne pouvait pas la manquer. D'autant que, loin d'être un micro-organisme exotique rencontré exceptionnellement, elle est fort abondante – on en compte en moyenne 47 grammes par mètre carré sur le plateau continental de Namibie. Pour nous faire une meilleure idée de ses proportions, disons que si une bactérie ordinaire avait la taille d'une souris, *Epulopiscium fishelsoni*, une bactérie vivant dans l'intestin de l'esturgeon et précédente détentrice du record de taille, serait grosse comme un lion, tandis que *Thiomargarita namibiensis* atteindrait les dimensions d'une baleine bleue. Impossible ! s'exclamèrent les collègues de Schulz.

Il a donc fallu prouver que c'était bien une bactérie. Pas facile ! Elle est si énorme que d'autres bactéries colonisent l'enveloppe mucilagineuse dont elle s'entoure, brouillant l'analyse ADN. En affinant les techniques, Heide Schultz a finalement montré sans conteste possible qu'il s'agissait d'une bactérie, de surcroît apparentée à *Thioploca*, celle qui vit dans les sédiments semblables du Pacifique. La différence est que *Thiomargarita namibiensis* recourt à une autre stratégie pour réunir ses aliments favoris, les sulfures présents dans les sédiments et les nitrates dissous dans l'eau de mer.

Stratégie différente mais tout aussi originale : la bactérie se constitue d'énormes réserves au gré de ses déplacements aléatoires, portée par les courants marins. C'est la raison de sa grosseur : 98 % de son volume est constitué d'un réservoir sphérique, on dit une *vacuole*, où sont stockés les nitrates, à une concentration pouvant aller jusqu'à 10 000 fois celle de l'eau de mer environnante. Le reste de la cellule contient des granules de sulfures dispersés dans le cytoplasme, ceux-là mêmes qui réfléchissent si bien la lumière et donnent à la bactérie son air de perle. Quant au cytoplasme proprement dit, son volume est approximativement celui d'une bactérie ordinaire. L'énorme volume de *Thiomargarita namibiensis* est donc essentiellement dû à ses réserves de nourriture, qui lui permettent de tenir près de trois mois sans manger. Quand les réserves de nitrates s'épuisent, elle doit attendre qu'un fort courant, au gré des tempêtes, la fasse remonter vers des eaux plus riches. Ensuite elle se redépose sur les sédiments contenant des sulfures, et la vie continue.

Cela n'existe pas, tellement c'est petit

La limite du plus petit organisme vivant semblait avoir été définitivement fixée en 1998. Cette année-là, l'Académie nationale des sciences américaine délimitait la frontière entre le vivant et le non-vivant : la taille minimum d'un organisme ne pouvait être inférieure à 180 nanomètres, au-dessous, ce n'était plus de la vic. Un nanomètre, c'est un milliardième de mètre ou un millionième de millimètre, soit à peu près la longueur de dix atomes d'hydrogène mis bout à bout, lequel est le plus petit de tous les atomes. Pour établir cette frontière de 180 nanomètres, l'Académie avait pris pour acquis les travaux du microbiologiste Michael Adams. Celui-ci a calculé que pour qu'un micro-organisme puisse vivre et se reproduire, il a besoin au minimum : d'ADN (une double hélice mesure entre 5 et 6 nanomètres de diamètre), des ribosomes pour lire et traduire le code génétique, de l'eau, des protéines, des lipides, plus quelques autres substances, le tout enfermé à l'abri d'une paroi qui fait au minimum 5 à 7 nanomètres d'épaisseur. Considérant que dans une petite cellule l'eau représente 50 % du volume, l'ADN 10 %, les ribosomes 10 % également, les protéines 20 %, les lipides et les autres substances constituant les 10 % restant, la taille ne pouvait pas être inférieure à 180 nanomètres.

Ce calcul était tout à fait cohérent avec les observations. Le record du plus petit organisme vivant connu appartenait à un membre de la famille des mycoplasmes avec 200 nanomètres. Il faut aligner plus de 1 000 mycoplasmes pour atteindre le diamètre moyen de *Thiomargarita namibiensis*, la perle soufrée de Namibie, et 5 000 pour remplir un millimètre. Les virus sont évidemment beaucoup plus petits, entre 10 et 20 nanomètres. Il faut en aligner entre 50 000 et 100 000 pour faire un millimètre. Mais bon, on l'a vu, un virus, ce n'est pas véritablement un être vivant, juste une chaîne d'acides nucléiques (de l'ADN ou de l'ARN) enfermée dans une capsule protéique, sans aucune capacité de reproduction autonome.

Entre les 10 nanomètres d'un virus et les 200 nanomètres d'une bactérie mycoplasme, ne serait-il pas permis à des êtres vivants d'exister, juste pour contrarier les certitudes de quelques chercheurs ? Heureusement, le hasard (encore lui !) fait bien les choses.

L'histoire remonte en fait à 1990. Alors qu'il examinait au microscope électronique des échantillons de roches riches en carbonates prélevés dans une source chaude d'Italie, le géologue Robert Folk a eu un choc : à très fort grossissement, l'image révélait des formes fossilisées qui, malgré leur extrême petitesse, entre 25 et 200 nanomètres, évoquaient des bactéries classiques, d'autant que ces ovoïdes et ces sphères avaient tendance à se grouper en chaînes et en amas, tout comme des staphylocoques ou des streptocoques. L'idée germa qu'il s'agissait peut-être de nouveaux organismes vivants. Sans que leur origine biologique eût été parfaitement démontrée, Folk les baptisa *nanobactéries*.

Il ne se doutait pas qu'il allait mettre le feu aux poudres. Pour les biologistes, qui n'appréciaient guère qu'un géologue vienne se mêler de leurs affaires, sa trouvaille était bien trop petite pour pouvoir correspondre à un être vivant. Cette frontière déterminée par la taille satisfaisait également les géologues, les confortant dans l'idée que la géologie est affaire de processus physico-chimiques et non pas biologiques. Bien que tout le monde semblât s'accorder contre les nanobactéries, cela n'empêcha pas l'idée de faire son chemin chez quelques hérétiques. Poursuivant les recherches, ils commencèrent à découvrir des nanobactéries dans la panse de ruminants, dans les profondeurs de la Terre, dans le sang des mammifères, et même dans les météorites.

Mais il manquait toujours des preuves irréfutables de leur nature bactérienne, car deux difficultés se conjuguent pour rendre ces preuves difficiles à obtenir. La première est que l'on commence à atteindre les limites du microscope électronique, qui peine à révéler l'organisation interne de ces structures de quelques nanomètres – démontrant une fois de plus combien notre conception du réel dépend de notre capacité à l'observer. L'autre difficulté réside dans le rythme extrêmement lent auquel ces structures croissent : plusieurs jours sont nécessaires pour qu'elles doublent de taille alors que quelques minutes suffisent à des bactéries ordinaires. La multiplication d'un éventuel matériel génétique pour identification et analyse s'en trouve fortement contrariée. Cela n'a pas arrêté les scientifiques : quand ils cherchent quelque chose, ils finissent en général par le trouver. Des chercheurs ont ainsi découvert dans certains sols des organismes d'un diamètre d'environ 80 nanomètres dont la nature bactérienne a pu être établie sans le moindre doute. La barrière des 180 nanomètres était définitivement brisée.

En 1999, une équipe australienne a découvert, dans des roches prélevées à cinq kilomètres en dessous du plancher océanique, des structures filamenteuses de 20 à 150 nanomètres. Grâce à la conjugaison de diverses techniques de pointe, leur nature d'être vivant a pu être établie (mais comme leur place dans l'arbre phylogénétique reste incertaine, les scientifiques préfèrent parler de *nanobes*, contraction de nanomètre et microbes, plutôt que de nanobactéries) : grâce au microscope électronique le plus puissant alors disponible, ils ont mis en évidence une structure interne, une membrane qui délimite un espace rempli par un cytoplasme ; avec un spectromètre à rayons X, ils ont pu déterminer la composition chimique des filaments : du carbone, de l'oxygène, de l'azote, etc., c'est-à-dire des atomes caractéristiques de la matière vivante ; grâce à des techniques d'analyse très fines de biologie moléculaire, la présence d'ADN a pu être établie ; enfin, des filaments ont été observés tandis qu'ils se divisaient.

Conclusion : ces filaments ne sont pas le résultat de processus physico-chimiques inorganiques, ils sont bel et bien vivants. Il ne fait plus de doute que la vie existe à des dimensions incroyablement minuscules. Et ce qui semblait un débat d'experts prend toute son importance du fait que ces nanobactéries offrent une clé de compréhension à divers phénomènes que l'on croyait jusqu'ici gouvernés par de simples réactions de chimie inorganique. Par exemple :

Les calculs rénaux

Selon le chercheur finlandais Olavi Kajander, qui a découvert indépendamment les nanobactéries, les calculs sont sécrétés par des colonies de nanobactéries d'une taille d'environ 60 nanomètres.

La formation de la rouille

L'observation au microscope électronique de sédiments riches en fer montre d'innombrables petits corps sphériques ou ovoïdes caractéristiques des nanobactéries ; des structures identiques se retrouvent dans la rouille récemment formée sur des tôles ou des tuyaux en fer.

La vie sur Mars

La teinte rouge caractéristique de Mars est due à la présence d'oxydes de fer ; des nanobactéries ont pu participer à leur formation. L'idée est que, s'il y a de la vie sur Mars ou sur d'autres planètes, elle a pu échapper à notre détection parce qu'elle adopte les formes des minuscules nanobactéries, sans doute mieux adaptées que les bactéries ordinaires à des conditions de pénurie.

Survivantes de l'impossible, premier épisode : promenade dans l'espace

Dans les années 1960, la NASA a envoyé cinq sondes spatiales inhabitées sur la Lune afin d'ouvrir la voie à l'alunissage d'êtres humains. Surveyor 3 s'est posée le 20 avril 1967 dans un lieu appelé *Oceanus procellarum*. Trente et un mois plus tard fut lancé Apollo 12 avec trois hommes à son bord. Le 12 novembre 1969, deux d'entre eux prirent place dans un module lunaire qui se posa à moins de 160 mètres de Surveyor 3. L'équipe, composée de Peter Conrad et Alan Bean, avait pour mission, entre autres, de récupérer diverses pièces de la sonde pour qu'elles soient examinées sur Terre afin de déterminer dans quelle mesure l'environnement lunaire les avait affectées. Le lot comprenait : la petite pelle qui avait servi à ramasser des échantillons de sol lunaire, deux tubes en aluminium, une caméra de télévision, plus quelques câbles électriques. On voulait connaître les effets des radiations, du vide, des micrométéorites, des écarts de température. On voulait aussi savoir si des microbes n'avaient pas survécu à ces deux années et demie dans l'espace. Même si l'on s'était efforcé de minimiser la contamination par des microbes, Surveyor n'avait pas été complètement stérilisée avant son départ. En revanche, le retour des échantillons se fit dans des conditions parfaitement stériles pour ne pas risquer des contaminations réciproques.

Retour sur Terre : 33 échantillons prélevés sur les diverses pièces rapportées sont mis en culture. Résultat : 32 sont stériles et 1 révèle la présence de bactéries. C'est sur un bout de mousse provenant de l'intérieur de la caméra que la bactérie *Streptococcus mitis* est détectée. Il s'agit d'une variété de streptocoques très commune et inoffensive qui réside habituellement dans notre bouche – les streptocoques constituant d'ailleurs le groupe le plus abondant de la flore buccale, près de 50 %. Ces bactéries jouent un rôle protecteur en limitant la croissance des bactéries nocives, même si certaines ne jouent pas le jeu, comme *Streptococcus mutans* qui colonise le creux des dents et provoque les caries.

Une cinquantaine de bactéries semblent avoir survécu à ces trente et un mois dans l'espace, exposées à des radiations importantes, au vide total puisque la Lune n'a pas d'atmosphère, à des écarts de températures de plus de 300 °C entre le jour et la nuit lunaires, ainsi qu'à l'absence totale de nourriture et d'eau. Comment cela est-il possible, et pourquoi seuls ces streptocoques ont-ils été retrouvés et pas d'autres bactéries ? Mystère.

Évidemment, la polémique n'a pas manqué de surgir quant à la véritable origine de ces bactéries. Selon certains, elles n'auraient en fait jamais séjourné sur la Lune et leur présence ne serait due qu'à une contamination accidentelle, malgré les précautions prises. Hypothèse peu probable quand on examine dans le détail l'ensemble des résultats [1].

Le seul résultat positif sur les 33 échantillons testés provient de l'endroit le plus inaccessible, un morceau de mousse isolante coincé entre deux circuits électroniques, qui n'a pu être retiré qu'après démontage complet de la caméra. Or s'il y avait eu contamination, ce seraient les parties les plus accessibles qui auraient donné des résultats positifs, alors qu'elles se sont révélées totalement stériles.

D'autre part, un délai de plusieurs jours a été observé avant que la croissance des bactéries ne démarre vraiment. C'est assez typique de bactéries qui se remettent d'une grave déshydratation. Un tel délai n'aurait pas été constaté s'il s'était agi d'une contamination par des souches bactériennes fraîches.

Conclusion : il est hautement probable que ces bactéries ont effectivement séjourné trente et un mois sur la Lune.

Laissons le mot de la fin à Peter Conrad, le commandant de la mission Apollo 12 : « J'ai toujours pensé que

1. D'après un document de la NASA : *Analysis of Surveyor 3 material and photographs returned by Apollo 12*, 1972.

la chose la plus importante que nous ayons jamais trouvée sur cette satanée Lune, c'est cette petite bactérie qui nous est revenue vivante et dont personne n'a parlé[1]. »

Survivantes de l'impossible, deuxième épisode : promenade dans le temps

Peut-on dormir des siècles et se réveiller frais comme une rose ? À moins d'être une héroïne de conte de fées comme la Belle au bois dormant, cela semble impossible. Pourtant les bactéries, toujours elles, y arrivent très bien.

Retour en arrière de 25 à 40 millions d'années. Nous sommes à l'époque oligocène de l'ère tertiaire. Imaginez une immense forêt de conifères. Et là, sur une branche, se pose une abeille sans dard d'une espèce aujourd'hui disparue, *Proplebeia dominicana*. Les pattes prises dans une goutte de résine, elle s'agite frénétiquement dans l'espoir de reprendre l'air. En vain. Ses ailes s'engluent à leur tour, l'épuisement la gagne, elle meurt. La résine qui continue de suinter du tronc finit par l'engloutir complètement.

Quelques dizaines de millions d'années plus tard, retour dans les années 1990 pour une promenade en République dominicaine. Les forêts de conifères ont disparu, l'espèce d'abeille *Proplebeia dominicana* a disparu elle aussi, mais l'une de ses représentantes est là, comme momifiée dans la résine où elle s'est fait prendre au piège. Ce morceau d'ambre – nom donné à cette résine fossilisée – arrive entre les mains du microbiolo-

1. Peter Conrad, commentaires sur la mission Apollo 12 en 1991, site de la NASA : http ://science.nasa.gov.

giste Raul Cano. Il lui prend l'idée, complètement folle en apparence, de faire revivre des êtres vivants disparus depuis des millions d'années : non pas l'abeille elle-même, mais les bactéries qui habitaient son intestin.

Quand l'abeille est morte dans son sarcophage de résine, les bactéries qui résident habituellement dans son système digestif ont vite compris qu'il se passait quelque chose d'anormal : plus de nourriture ni d'eau. Leurs conditions de vie devenant trop précaires, certaines ont fait germer des spores et se sont mises dans un état de dormance. Sous l'épaisse carapace protéique qu'elles ont sécrétée, elles ont déshydraté leur ADN pour le rendre plus stable et ralenti leurs fonctions métaboliques à un niveau indécelable, voire les ont complètement suspendues. Il n'y avait plus qu'à attendre que les conditions redeviennent favorables. Mettez des spores dans une solution contenant du glucose et des acides aminés, et vous verrez les bactéries sortir de leur enveloppe protectrice et se remettre à vivre. Mais des spores bactériennes sont-elles encore potentiellement vivantes après 25, voire 40 millions d'années passées dans un état de vie suspendu dans un sarcophage d'ambre ? Cano en avait l'intuition.

Lui et sa partenaire Monica Borucki ont délicatement extrait l'abeille de l'ambre, extrait les spores de l'abeille et les ont mises en culture. Et le miracle s'est accompli, ils ont annoncé en 1995 que des bactéries disparues depuis des dizaines de millions d'années étaient revenues à la vie [1] !

Les critiques n'ont pas tardé, clamant que ce résultat

1. Raul Cano et Monica Borucki, « Revival and identification of bacterial spores in 25 to 40 millions years old Dominican amber », *Science*, 19 mai 1995.

n'était que le fruit d'une contamination. Parfaitement conscients de la difficulté de prouver l'origine ancienne des bactéries, Cano et son équipe se sont entourés d'un luxe de précautions, et ils ont passé trois années à tester et retester la procédure avant de publier leurs résultats. Parmi toutes ces précautions, ils mentionnent que :

– les expériences se sont déroulées dans une pièce qui n'avait jamais servi à des études bactériennes, et sous une hotte à l'atmosphère parfaitement purifiée, parce que la contamination par des spores bactériennes est fréquente dans les laboratoires de microbiologie ;

– des milieux de culture témoins ont été placés sous la hotte, pour vérification, l'absence de contamination prouvant que les conditions de travail étaient excellentes ;

– l'ambre a été décontaminé avant d'être ouvert sous la hotte ; auparavant, pour tester la procédure de décontamination, des échantillons avaient été intentionnellement contaminés, puis décontaminés, et l'absence de bactéries vérifiée ;

– des échantillons d'ambre ne contenant pas de fragments de l'abeille ont aussi été mis en culture, avec des résultats négatifs.

Malgré ces précautions, on ne peut être absolument certain qu'il n'y a pas eu contamination. Un argument supplémentaire est cependant venu appuyer l'opinion de Cano sur l'ancienneté de ces bactéries. L'analyse de leur ADN montre qu'elles sont proches parentes d'une souche existante, *Bacillus sphaericus*. Il y a toutefois suffisamment de différences pour pouvoir affirmer que les premières sont effectivement plus anciennes que cette dernière.

Des chercheurs avaient déjà réussi avant Cano à faire revivre des spores de bactéries prises dans la maçonnerie de pyramides péruviennes depuis 4 800 ans ou dans le système digestif de mastodontes morts il y a 11 000 ans. À ce jour, Cano lui-même et son équipe disent avoir fait revivre une quarantaine d'espèces de bactéries vieilles de dizaines de millions d'années. Jusqu'où sera-t-il possible de remonter le temps et d'approcher ainsi de plus en plus près du moment où la vie est apparue sur Terre ? Nous ne sommes certainement pas au bout de nos surprises. Déjà des chercheurs disent avoir reculé la limite, qui se compterait maintenant en centaines et non plus en dizaines de millions d'années.

Ainsi, Vreeland et Rosenzweig sont allés creuser à plus de 600 mètres sous terre dans une mine de sel abandonnée du Nouveau-Mexique. Dans de minuscules inclusions d'eau, prisonnières du sel lorsqu'il a cristallisé il y a près de 250 millions d'années, ils ont trouvé des spores. Extraites avec toutes les précautions d'usage et mises en culture, elles ont donné naissance à des bactéries parfaitement vivantes [1] – 250 millions d'années, soit 60 à 100 millions d'années avant les premiers dinosaures, avant que l'océan Atlantique s'ouvre et que les continents se séparent !

Comme toujours, il n'est pas possible d'exclure totalement l'éventualité d'une contamination. Mais les chercheurs sont aujourd'hui prêts à examiner hypothèses et arguments avec un œil critique. Les bactéries leur ont procuré tellement de surprises qu'ils ne peuvent plus exclure *a priori* des phénomènes aussi extraordinaires. Dans les années 1960, lorsqu'un chercheur du nom de Heinz Dombrowski prétendit avoir ramené à la vie des

---

1. D'après *Science News*, vol. 155, n° 24, 12 juin 1999, p. 373.

bactéries prisonnières de dépôts de sel vieux de 500 millions d'années, il fut ridiculisé par la communauté scientifique. Aujourd'hui, les scientifiques dans leur majorité sont obligés d'admettre qu'ils ne savent plus très bien où se situent les frontières de la vie. Ils émettent des hypothèses de plus en plus folles, que les faits parfois confirment. Peut-être parviendront-ils un jour, à l'instar des astronomes qui nous racontent les premières minutes de l'univers, à remonter aux premières minutes de la vie.

Survivantes de l'impossible, troisième épisode : un bain de radiations

On entend souvent dire que si un holocauste nucléaire balayait la Terre, la vie disparaîtrait de la planète, sauf scorpions et cafards. Pas si sûr ! Il est probable qu'eux aussi disparaîtraient et que les seuls rescapés seraient, vous l'aurez deviné, des bactéries. Parmi les plus résistantes aux radiations, *Deinococcus radiodurans* est à ce jour détentrice du record : elle prospère encore après avoir reçu une dose de 1,5 million de rads – 500 à 1 000 rads suffisent à tuer un homme. Dans un milieu froid, elle peut même survivre à une dose encore plus massive de 3 millions de rads.

Sa découverte remonte à 1956. Arthur Anderson, qui travaillait dans un laboratoire d'agriculture de l'Oregon, avait remarqué que des viandes en conserve s'étaient avariées malgré une stérilisation par exposition à des radiations de l'ordre du million de rads. La viande avait pris une teinte rougeâtre et exhalait une odeur de légumes pourris. Anderson isola la responsable, une bactérie qui fut baptisée *Deinococcus radiodurans*, c'est-à-dire

« étrange graine résistante aux radiations ». Depuis, on l'a retrouvée dans des endroits aussi variés que des excréments d'éléphant, de la viande de canard irradiée, des sables du désert de Gobi ou encore des granites de l'Antarctique.

Deinococcus radiodurans n'est pas seulement remarquable pour sa résistance aux radiations. Elle supporte aussi très bien d'autres stress qui sont fatals à la plupart des êtres vivants, comme la déshydratation ou l'exposition à des produits chimiques toxiques. Comment fait-elle ? L'affaire est d'autant plus étonnante que *Deinococcus radiodurans* ne résiste pas à ces conditions extrêmes en se mettant en état de spore dormant. C'est une espèce qui ne produit pas de spores. Elle reste parfaitement intègre. Mais elle dispose d'une batterie de défenses que les chercheurs commencent à percer.

Première ligne de défense, une paroi très épaisse, constituée d'au moins trois couches, où des lipides très complexes semblent jouer un rôle protecteur important. Deuxième ligne de défense, du carotène, responsable de la coloration rouge de la cellule, qui sert à la débarrasser des radicaux libres toxiques. Troisième ligne de défense, des enzymes, comme la catalase ou la dismutase, présentes à des niveaux élevés, qui la protègent efficacement de la toxicité de l'oxygène.

Mais plus importante que la protection, qui ne sera jamais totale, c'est la capacité qu'a *Deinococcus radiodurans* de réparer son ADN endommagé qui explique probablement sa résistance. La chaleur excessive, la déshydratation ou les radiations provoquent facilement des ruptures de la double hélice. Une ou deux coupures de ce genre sont en général fatales à la plupart des êtres vivants. La célèbre bactérie *Escherichia coli* résiste tant bien que mal à deux ou trois. *Deinococcus radiodurans* est capable quant à elle de réparer un ADN beaucoup plus endommagé, fracassé en centaines de morceaux par les millions de rads des radiations. En douze à vingt-quatre heures, elle peut reconstituer un génome intact, parfaitement identique à celui d'origine et exempt de mutations.

Pour ce faire, elle dispose d'au moins quatre copies de son génome. Grâce à une protéine appelée RecA, elle passe en revue les différentes copies. Lorsqu'une séquence endommagée est détectée, elle cherche son équivalent sur une autre copie et effectue un raccommodage à partir du modèle intact. La probabilité que toutes les copies soient endommagées exactement au même endroit est faible, ce qui explique le taux de réussite élevé.

Cela ne l'explique qu'en partie. D'autres bactéries possèdent aussi des copies multiples de leur matériel génétique, ainsi que cette même méthode de réparation appelée *recombinaison homologue*, mais elles n'ont pas cette résistance extrême. Une autre des particularités de *Deinococcus radiodurans* est de suspendre toutes ses activités le temps que dure la réparation, alors que d'autres bactéries comme *Escherichia coli* essaient de tout faire en même temps, se soigner, se nourrir, se diviser, et au bout du compte font tout de travers.

Les chercheurs pensent qu'elle doit posséder encore quelque chose de plus. Ils ont observé au microscope électronique des structures annulaires qui suggèrent que les boucles homologues d'ADN sont placées l'une sur l'autre. De la sorte, les séquences équivalentes de chaque copie seraient proches, ce qui rendrait plus efficace et accélérerait la recombinaison homologue. D'autres pensent que la clé est à chercher plutôt dans le matériel génétique lui-même. Ils ont trouvé, éparpillées dans les boucles d'ADN, un grand nombre de séquences répétitives. Leur fonction reste pour le moment inexpliquée, mais elles pourraient avoir un rapport avec l'étonnante faculté de réparation de *Deinococcus radiodurans*.

La compréhension de cette bactérie ouvre de nombreuses perspectives aux scientifiques. Côté médical, ils entrevoient des clés pour soigner certaines maladies génétiques. Côté écologie, ils tentent de mettre ces bactéries au service de l'homme pour nettoyer des sites extrêmement pollués. Le développement des armes atomiques et des réacteurs nucléaires laisse une quantité énorme de déchets très dangereux, comprenant des substances radioactives comme l'uranium ou le plutonium, des molécules toxiques comme le trichloréthylène ou le toluène, plus des tas de métaux lourds. Malgré les précautions (quand elles sont respectées), tout cela s'insinue dans le sol, dans l'eau, et finit par porter atteinte aux êtres vivants. Les méthodes habituelles de décontamination étant coûteuses et relativement peu efficaces, l'idée est venue d'employer des bactéries. À titre d'essai, Daly et Minton ont donné à *Deinococcus radiodurans* la capacité de métaboliser le toluène. Comme elle ne la possède pas naturellement, ils ont emprunté les gènes appropriés à une autre bactérie, qui sait traiter cette molécule mais ne résiste pas aux radiations. Ainsi modifiée, *Deinococcus radiodurans* est capable de dégrader partiellement le toluène dans un environnement radioactif de 6 000 rads par heure. Voici peut-être une solution pour nettoyer des sites radioactifs pollués et résoudre l'un des plus gros problèmes actuels d'environnement.

À quoi cela nous fait réfléchir

La vie ailleurs

Au XVIe siècle, l'Inquisition condamnait le moine Giordano Bruno au bûcher pour hérésie. Sa faute : affirmer la pluralité des mondes en soutenant que la vie pouvait exister ailleurs que sur la Terre. Aujourd'hui, l'Église résiste toujours comme une épouse jalouse. Pourtant, si Dieu existe, son amour, censé n'avoir pas de limites, peut bien s'étendre à des extraterrestres sans que cela nous lèse. Cette possibilité se rapproche. La découverte par les astronomes dans l'infiniment grand d'une centaine de planètes extrasolaires et celle par les biologistes des capacités de la vie dans l'infiniment petit semblent donner raison au moine visionnaire.

Dans la grande famille des procaryotes, il en existe qui résistent à des températures voisines du zéro absolu, (– 271 °C) ; d'autres supportent des pressions allant jusqu'à 10 tonnes au centimètre carré et vivent à sept kilomètres sous terre ; d'autres encore tolèrent admirablement les radiations, au point d'être capables de survivre dans un réacteur nucléaire en fonctionnement ; d'autres enfin reviennent intactes à la vie après un voyage dans le temps de plusieurs dizaines, voire centaines de millions d'années. On ne connaît pas de bactérie qui cumule tous ces talents à la fois, mais rien n'interdit de penser qu'elle puisse exister. En tout cas, cette formidable aptitude de la vie à survivre quoi qu'il arrive nous force à élargir nos conceptions. Il n'apparaît plus du tout aberrant que la vie existe ailleurs que sur la Terre, malgré des conditions de température, de pression, d'irradiation, d'hygrométrie, etc. qui sont loin d'être aussi favorables que sur la belle boule bleue.

Que la vie puisse exister sous des formes similaires en dehors de la Terre ne fait plus guère de doute, mais une simple possibilité d'existence ne signifie pas qu'elle existe effectivement. Au moins, on peut désormais la chercher sans risquer une condamnation au bûcher. En 1996, une affaire a fait grand bruit dans la communauté scientifique et les médias. Une équipe de la NASA menée par David McKay a annoncé la découverte de traces fossiles de vie dans une météorite d'origine martienne. Depuis, la polémique fait rage.

La vie sur Mars

Rapide tour d'horizon. En 1984, des chasseurs de météorites trouvent dans l'Antarctique un caillou indubitablement venu de l'espace. Baptisée ALH84001, cette météorite ressemble à une grosse patate, pour un poids d'un peu moins de 2 kg. Plusieurs arguments suggèrent une origine martienne. Le plus convaincant est la présence d'inclusions de gaz qui ont une composition similaire à celle de l'atmosphère martienne. D'autres données sur la composition isotopique de la météorite suggèrent que ce morceau de Mars aurait été éjecté dans l'espace voici 16 millions d'années à la suite d'un choc violent, probablement avec un astéroïde. Après quelques péripéties autour du Soleil, sa trajectoire aurait croisé celle de la Terre il y a environ 13 000 ans, et elle serait finalement tombée en Antarctique.

McKay et son équipe ont étudié intensivement cette météorite. Ils ont trouvé ce qui leur semble être des indices de vie : dans des fissures, des carbonates dont la surface est tapissée de molécules organiques (des hydrocarbures aromatiques polycycliques) ; associés à ces carbonates, des cristaux de magnétite analogues à ceux synthétisés par des bactéries ; les carbonates présentent une variabilité de composition chimique peu fréquente dans le monde minéral ; des structures allongées de quelques dizaines à quelques centaines de nanomètres ont été observées et elles ressemblent à des bactéries. Les indices sont ténus et ont fait l'objet de débats acharnés entre partisans de trois camps : ceux qui pensent qu'il y a effectivement eu de la vie sur Mars, ceux qui estiment que ces formations résultent de processus physico-chimiques inorganiques, et ceux enfin qui parient sur une contamination par des bactéries terrestres. Avec le recul, ces derniers semblent avoir raison. La comparaison entre les observations faites sur ALH84001 et celles faites sur une autre météorite est instructive.

En 1931, à Tatahouine en Tunisie, alors base militaire française, tombe une météorite. Quelques morceaux sont immédiatement envoyés au Muséum d'histoire naturelle de Paris. En 1994, de nouveaux échantillons sont prélevés sur le site. L'intérêt est que, contrairement aux précédents qui ont été soigneusement préservés, ceux-ci ont subi les effets d'un séjour de soixante-quatre années dans la terre. Cela va permettre d'intéressantes comparaisons.

Dans ces derniers échantillons, Philippe Gillet et son équipe de l'École nationale supérieure de Lyon trouvent des carbonates dans les fissures de la roche[1]. Ils sont absents des échantillons collectés en 1931, conservés

1. Barrat, Gillet, Lecuyer, Sheppard, Lesourd, « Formation of carbonates in the Tatahouine meteorite », *Science*, 17 avril 1998.

à l'écart des altérations terrestres. À la surface de ces carbonates, le microscope électronique révèle des formes allongées de 50 à 70 nanomètres de diamètre et 200 à 600 nanomètres de long, comme sur ALH84001. L'analyse chimique montre une composition organique. Pour établir l'origine biologique de ces formations, des échantillons sont mis en culture. Processus difficile, mais après des mois de travail, il ne fait plus de doute qu'il s'agit bien de bactéries de très petite taille.

« L'étude de Tatahouine montre que l'altération terrestre est un processus rapide qui peut modifier de manière significative la composition chimique, minéralogique et biologique d'une météorite qui tombe sur Terre. D'autre part, l'exemple de cette météorite montre que des formes bactériennes de l'ordre de 100 nanomètres peuvent être associées à de l'activité bactérienne. Les bactéries cultivées à partir des morceaux de la météorite de Tatahouine (et les formes supposées bactériennes de ALH84001...) sont en dessous de la taille limite calculée par un bon nombre de biologistes avertis et en dessous de laquelle le volume cellulaire est trop faible pour contenir la machinerie métabolique de base (ADN, ribosomes, milieu cellulaire...) pour un organisme autonome et capable de se reproduire. En attendant des données complémentaires sur ALH84001, la météorite de Tatahouine a donc permis la découverte, pour la première fois, de formes de vie terrestre nanométriques[1]. »

La recherche scientifique ne suit pas toujours une ligne droite. Partis chercher des preuves d'une vie sur Mars, les chercheurs ont trouvé de nouvelles preuves de l'existence des nanobactéries sur Terre. Cela ne ruine

1. Philippe Gillet : http ://www.ens-lyon.fr/Planet-Terre/Infosciences/Planetologie/Description/Nanobacteries/viemars.htm

pas définitivement l'idée qu'il y ait de la vie sur Mars ou sur d'autres planètes. Cela repousse juste la preuve. Jules Verne écrivait dans *De la Terre à la Lune* : « Si ces mondes sont habitables, ou bien ils sont habités, ou bien ils l'ont été, ou bien ils le seront. » Comme il semble que, pour les bactéries, il y ait fort peu d'endroits qui ne soient pas habitables, il est hautement probable que nous les retrouverons en maints lieux surprenants.

Des limites du vivant

Qu'est-ce que la vie pour l'homme ? Un corps doté de sensations et de mouvement. C'est ensuite – en y pensant – le monde végétal et animal avec qui l'humain entretient des rapports intimes mais aujourd'hui moins directs, notamment pour se nourrir : chasse, pêche, cueillette, agriculture, élevage, etc. Autrement dit, nous n'appréhendons le vivant qu'à travers des êtres pluricellulaires très complexes qui sont l'aboutissement d'un long processus évolutif, les seuls que nous voyions. Cela tend à biaiser quelque peu la conception que nous avons du vivant. C'est ainsi que nos a priori nous conduisent à poser sans nous en rendre compte des limites sur ce qui est possible ou non. Ces croyances finissent par bloquer notre imagination et notre perception. Pourtant, lorsqu'il s'agit de vivre et de durer, la vie semble dépasser les limites que nous lui avons fixées dans tous les domaines. Les bactéries savent jongler avec les atomes et molécules de la matière pour fabriquer ce dont elles ont besoin pour exister. Ces découvertes nous obligent donc à repousser toujours plus loin les limites que nous donnons au vivant et par conséquent à nous-mêmes.

7.

Les bactéries et la santé de l'homme

Des bactéries nuisibles aux bactéries amies

Compétition-coopération, destruction-construction. Depuis le début, les bactéries semblent se servir avec maîtrise de ces deux aiguilles pour tricoter la trame de l'histoire. Ainsi, à côté des milliers d'espèces de micro-organismes qui nous sont utiles et même vitaux, quelques dizaines nous causent bien des désagréments. Indispensables pour limiter la prolifération d'insectes et équilibrer l'écosystème, les attaques microbiennes sont un drame pour les humains. La participation des bactéries à ce type d'action reste faible. Mais, depuis le XIXe siècle, les griefs se sont accumulés contre elles parce que leurs méfaits sont spectaculaires. Elles sont en effet à l'origine de quelques-unes des plus grandes maladies faucheuses d'hommes. Pour lutter contre les bactéries nuisibles, on utilise antibiotiques ou vaccins, oubliant un peu trop vite que si quelques-unes nous abattent, beaucoup peuvent contribuer grandement à améliorer notre état de santé. Des aliments fermentés aux probiotiques en passant par la fabrication de médicaments, de nombreuses voies sont explorées aujourd'hui. Il s'agit soit de renforcer, par un apport bactérien alimentaire, les capacités du corps à résister aux agressions, soit de corriger ses déséquilibres en lui apportant des substances que synthétisent pour lui les bactéries.

Comment on le sait

Faucheuses d'hommes

Voici un petit florilège des méfaits des bactéries qui révèle des modes de transmission et d'action d'une incroyable diversité.

Les bactéries de la famille *Rickettsias* sont des parasites d'animaux comme des tiques, des mites, des puces, des poux, voire des mammifères. Plus précisément, ce sont des parasites intracellulaires, c'est-à-dire qu'elles ne peuvent vivre et se reproduire qu'à l'intérieur des cellules de leur hôte. Parmi elles, *Rickettsias prowazekii*. Son hôte habituel est le pou, qui peut la transmettre à l'homme. Cela déclenche alors le typhus, une redoutable maladie épidémique caractérisée par des éruptions, de la fièvre et de la stupeur.

Neisseria gonorrhea est responsable, comme son nom l'indique, de la gonorrhée, une des maladies sexuellement transmissibles les plus répandues. Chez l'homme, au sens ici de représentant mâle de notre espèce, elle infecte l'urètre et s'établit souvent dans la prostate. Chez la femme, elle remonte du vagin jusqu'aux trompes de Fallope. Si l'infection n'est pas soignée, il peut en résulter une stérilité.

Vibrio cholerae cause le choléra, une des plus graves maladies intestinales. Au début des années 1990, une importante épidémie a touché l'Amérique du Sud et du centre. Résultat : plus de 700 000 malades et plus de 6 000 morts. La bactérie sécrète une toxine qui provoque une abondante diarrhée, de 10 à 15 litres par jour. Si l'eau et les sels minéraux perdus ne sont pas très vite remplacés, la personne atteinte meurt en quelques heures. Comme la plupart des maladies intestinales, le choléra s'attrape en ingérant des boissons ou des aliments contaminés. C'est évidemment là où il n'y a ni système de collecte et de traitement des eaux usées, ni système d'épuration de l'eau de consommation, que les épidémies naissent et se propagent à une vitesse fulgurante.

Yersinia pestis est le bacille responsable de la peste bubonique. Il est habituellement contracté à la suite d'une piqûre de puce, qui l'a elle-même attrapé en piquant auparavant un rat infecté. La bactérie se fixe dans les ganglions lymphatiques, qui gonflent énormément, formant des bubons, d'où le nom de peste bubonique. Elle peut aussi migrer jusqu'aux poumons. Dans sa forme pulmonaire, la peste devient extrêmement contagieuse puisqu'elle se transmet par l'air. Sans traitement, elle cause la mort en quelques jours dans près de la moitié des cas dans la forme bubonique, et dans près de la totalité des cas dans la forme pulmonaire.

De nombreux chercheurs pensent que c'est cette bactérie qui a causé d'énormes ravages en Europe au début du XIVe siècle. En quelques années, le tiers, voire dans certaines régions la moitié de la population est morte de la peste. En temps de guerre, les vêtements des pestiférés servaient d'armes biologiques. Ils étaient lancés pardessus les murailles des cités à l'aide de catapultes, ou bien jetés dans des puits pour empoisonner l'eau. Pour des raisons mystérieuses, que l'hygiène et la nutrition n'expliquent pas entièrement, l'humanité n'a pas connu depuis longtemps de grosses épidémies de peste.

Mycobacterium tuberculosis est l'agent de la tuberculose, surnommé aussi bacille de Koch parce qu'il a été identifié par Robert Koch en 1882. C'était, il y a deux siècles, la principale cause de mortalité en Europe. On l'appelait alors phtisie. Il y a encore chaque année dans le monde près d'une dizaine de millions de nouveaux cas qui font plus de trois millions de morts, la majorité dans les pays en développement. La bactérie se fixe le plus souvent dans les poumons. Elle se développe très lentement, se déclarant parfois des années après l'infection. La bactérie provoque des ulcérations dans les poumons. Le malade crache du sang, a des poussées de fièvre. Il perd l'appétit, dépérit et meurt, comme la tristement célèbre Dame aux camélias. Des milliers de bactéries sont propulsées dans l'air à chaque expiration, quinte de toux ou éternuement. Elle peut rester longtemps en suspension, jusqu'à être inspirée par quelqu'un d'autre, d'où la très forte contagiosité de la tuberculose. Chez une personne en bonne santé, les défenses immunitaires sont assez fortes pour surmonter l'infection. Chez une personne affaiblie, que ce soit par la malnutrition ou par une autre maladie comme le sida, la tuberculose l'emporte souvent. Le drame est qu'elle est devenue très difficile à soigner du fait que la bactérie est maintenant résistante aux antibiotiques, certaines souches résistant même à tout l'arsenal thérapeutique actuel.

Très curieux est le cas de *Bacillus cereus, Bacillus thuringiensis* et *Bacillus anthracis*. On a d'abord longtemps cru qu'il s'agissait de trois espèces différentes. On sait maintenant qu'il s'agit fondamentalement des mêmes organismes, qui ne diffèrent que par les plasmides qu'ils renferment. Pour mémoire, les plasmides sont des petits morceaux d'ADN qui flottent dans le cytoplasme de la cellule et se transmettent indépendamment du bagage génétique principal.

Bacillus cereus est responsable d'empoisonnements alimentaires. On l'a retrouvée dans de la viande, du fromage, des macaronis, du riz frit, des haricots secs, des épices, des pommes de terre, etc. La bactérie sécrète une toxine qui provoque des crampes abdominales et des diarrhées. C'est une maladie gastro-intestinale relativement bénigne, avec des symptômes qui ne durent en général guère plus de vingt-quatre heures.

Bacillus thuringiensis, quant à elle, est totalement inoffensive pour l'homme. Ses cibles privilégiées sont les insectes. Elle contient dans un plasmide les gènes lui permettant de synthétiser une toxine fatale à de nombreux insectes.

Bacillus anthracis est en revanche très dangereuse pour l'homme, causant la maladie du charbon ou anthrax. Elle contient, dans deux plasmides spécifiques, les gènes servant à synthétiser d'une part une toxine, d'autre part une capsule très résistante qui protège la cellule. En se logeant dans les alvéoles pulmonaires, la bactérie provoque des pneumonies mortelles. Elle est si efficace et si facile à diffuser que les militaires en ont fait depuis longtemps une de leurs armes bactériologiques favorites. Dès 1943, les Américains avaient prévu d'inonder le Japon de petites bombes à anthrax de 2 kg remplies de spores. La bombe atomique, beaucoup plus radicale, a rendu leur usage inutile. Pour un temps ?

Clostridium tetani est une bactérie anaérobie dont les spores sont très abondantes dans le sol. Les blessures par échardes, clous ou épines sont particulièrement dangereuses parce qu'elles enfoncent les spores suffisamment profondément dans le corps pour qu'elles trouvent des conditions anaérobies propices à leur germination et à la croissance des bactéries. Cela provoque le tétanos. *Clostridium tetani* libère une toxine qui inhibe le fonctionnement des synapses dans la moelle épinière et le cerveau, d'où, chez les victimes, un blocage musculaire. En altérant la toxine, on fabrique un vaccin qui procure une immunité pendant une dizaine d'années.

Clostridium botulinum produit également une toxine fatale à l'homme, à la dose infime d'un millionième de gramme. Elle bloque la libération du neuromédiateur acétylcholine dans les terminaisons nerveuses des neurones moteurs, d'où une faiblesse musculaire. En une quinzaine de jours, la gorge se paralyse, puis les membres, et lorsque les muscles de la cage thoracique sont touchés, la respiration s'arrête et le malade meurt. La toxine est une protéine qui est facilement dénaturée en étant portée une dizaine de minutes à 100 °C. C'est pourquoi bouillir suffisamment longtemps les conserves préserve du botulisme.

Deux espèces de staphylocoques sont communes, *Staphylococcus albus*, qui vit habituellement sur notre peau, et *Staphylococcus aureus* ou staphylocoque doré, présent sur la peau ainsi que dans les voies nasales et dans le système digestif. Cette dernière peut provoquer des abcès lorsqu'elle parvient à s'introduire sous la peau. Certaines souches sécrètent une dangereuse toxine responsable de graves septicémies. *Staphylococcus aureus* abonde dans les hôpitaux où elle est l'une des principales responsables des maladies dites nosocomiales, c'est-à-dire contractées à l'hôpital même. Deux raisons à cela. La première est la multiplication d'examens de plus en plus invasifs (endoscopies de toutes sortes d'organes, poses de cathéter, etc.) qui sont autant de portes d'entrée pour la bactérie. L'autre raison est qu'elle est fort abondante du fait qu'elle est devenue résistante aux traitements antibiotiques. Ironie du sort, c'est avec elle qu'avait débuté avec succès l'ère des antibiotiques.

Les antibiotiques et leurs limites

L'histoire est bien connue : Alexander Fleming a découvert par hasard en 1929 les propriétés antibactériennes de la pénicilline. Une culture de *Staphylococcus aureus* avait été contaminée par un champignon du genre *Penicillium*. Autour des filaments du champignon, la colonie de bactéries devenait transparente parce que les parois cellulaires s'ouvraient, laissant échapper leur cytoplasme. Fleming a appelé pénicilline, du nom du champignon, ce premier antibiotique. Ce n'est qu'une dizaine d'années plus tard, au début de la Seconde Guerre mondiale, qu'à la suite des travaux de Florey et Chain, elle a pu être produite à grande échelle, contribuant à sauver des milliers de blessés.

À la différence d'un antiseptique qui tue indifféremment tous les types de cellules, un antibiotique n'agit que sur les cellules bactériennes. Cela peut se faire de plusieurs manières. Dans le cas de la pénicilline, l'action porte sur les liaisons entre les molécules de peptidoglycane qui constituent la paroi des cellules bactériennes. L'antibiotique les empêche de se lier correctement. Les cellules existantes ne sont pas affectées, tandis que les cellules nouvelles ont une croissance anormale : elles se vident littéralement de leur contenu car incapables de se construire une paroi rigide.

La pénicilline étant assez fragile et n'étant pas efficace sur toutes les bactéries, les chercheurs ont essayé de l'améliorer. Quelques manipulations chimiques ont abouti à des antibiotiques semi-synthétiques plus performants. Avantages : ils résistent aux sucs gastriques, permettant une prise orale, et ils résistent à la pénicillinase, une enzyme sécrétée par certaines bactéries qui détruit la pénicilline.

Ces succès ont incité à chercher d'autres antibiotiques. Rapidement, on a découvert dans le sol de nombreux micro-organismes qui produisent de telles substances. Par exemple la bactérie *Streptomyces griseus*, qui produit la streptomycine. Cet antibiotique a un mode d'action très différent de la pénicilline. Il s'attaque aux ribosomes, les organites cellulaires où s'effectue la synthèse des protéines. Comme les ribosomes des bactéries sont différents de ceux des eucaryotes, et donc a fortiori des êtres humains, l'action de la streptomycine reste très ciblée.

Cela est très important car, pour être d'une véritable utilité thérapeutique, un antibiotique doit avoir une toxicité sélective : détruire la bactérie parasite en occasionnant le minimum de dégâts à l'hôte. C'est pourquoi, parmi des milliers de substances aux propriétés antibiotiques qui ont été découvertes, seul un très petit nombre a un usage thérapeutique. Le problème de trouver des substances efficaces mais qui ne nuisent pas trop à l'hôte s'aggrave d'année en année du fait que les bactéries deviennent de plus en plus résistantes.

Le phénomène de résistance des bactéries aux antibiotiques n'est pas récent. Le docteur Valnet, qui soignait des blessés de guerre en 1945, le soulignait déjà : « Avec 100 flacons de 100 000 unités de pénicilline, c'est-à-dire 10 millions d'unités, il y avait à l'époque de quoi sauver une soixantaine de jambes (100 000 à 200 000 unités étaient alors suffisantes) ou bien vingt ventres ou autant de thorax. » Et il ajoute un peu plus loin : « De nos jours [Valnet écrit au début des années 1960], pour obtenir une dose thérapeutique utile, on injecte à un malade plusieurs millions d'unités quotidiennement pendant trois à vingt jours et davantage[1]. »

L'usage immodéré des antibiotiques, y compris pour soigner de simples rhumes, a opéré une sélection des souches les plus résistantes. Problème aggravé par le fait que, depuis des dizaines d'années, les animaux d'élevage reçoivent eux aussi des doses massives d'antibiotiques censées prévenir les infections. Comme les

1. Jean Valnet, *Aromathérapie*, Livre de Poche, n° 7885, 2003.

facteurs de résistance des bactéries aux antibiotiques sont généralement portés par des plasmides, qui se transmettent avec une grande facilité d'une bactérie à une autre, tout cela contribue à ce que les gènes de résistance se propagent allègrement.

Voilà donc comment certaines souches du staphylocoque doré ou du bacille de Koch ont fini par devenir résistantes à tous les antibiotiques disponibles dans l'arsenal thérapeutique. On peut évidemment s'entêter dans cette voie et chercher des antibiotiques encore plus puissants. Mais les résultats sont prévisibles : d'une part, plus ils sont puissants, plus ils risquent d'avoir des effets indésirables sur l'hôte, effets sur la peau, sur le système digestif, le système immunitaire, les reins, etc. ; d'autre part, connaissant leur incroyable faculté d'adaptation, il ne fait guère de doute que les bactéries sauront trouver la parade. Récemment, le biologiste Pierre Henri Gouyon, spécialiste des micro-organismes, qualifiait la mise sur le marché d'une nouvelle race d'antibiotique de « dangereuse fuite en avant destinée à rentabiliser les recherches ». Selon le biologiste, un moratoire dans ce domaine s'avère aujourd'hui nécessaire. Les nouveaux antibiotiques comptent sur l'action de petites protéines, des peptides, qui détruisent la paroi des bactéries. Notre système immunitaire utilise aussi des peptides pour sa défense. Il suffit d'imaginer que les microbes trouvent la parade et deviennent résistants aux peptides humains. Nous n'aurions plus de protection. Cette course folle aux antibiotiques montre une fois de plus la nécessité d'une compréhension renouvelée de la maladie et de la guérison.

Les aliments fermentés

La fermentation est un procédé de transformation des aliments, connue partout dans le monde et depuis longtemps. Ses avantages sont divers et nombreux : amélioration de la qualité de conservation, les ferments protégeant les aliments en empêchant le développement des micro-organismes dangereux (c'est le cas du yaourt qui se conserve infiniment mieux que le lait frais) ; amélioration de la digestibilité, la fermentation constituant en quelque sorte une prédigestion (c'est le cas encore du lait, qui, indigeste pour de nombreux individus, redevient digeste une fois fermenté) ; amélioration des qualités nutritionnelles, avec fréquemment une augmentation des taux de vitamines.

De nombreux aliments peuvent bénéficier de telles transformations par des micro-organismes : des légumes, comme le chou (choucroute), le navet (naveline), la pomme de terre, le manioc (gari), le soja (miso, tamari, tempeh), etc. ; des céréales comme le blé (pain levé) ou l'orge (bière) ; des fruits comme le raisin (vin) ou les pommes (cidre) ; le lait (yaourt, fromages, kéfir, etc.).

Depuis Pasteur, on sait que la fermentation est une dégradation des substances organiques par des micro-organismes. Elle fournit des produits plus simples, en s'accompagnant souvent de dégagements gazeux. Il en est de diverses sortes, dont la plupart peuvent être employées favorablement dans l'alimentation :

– la fermentation alcoolique est produite par une levure en l'absence d'oxygène ; elle transforme les sucres en alcool éthylique et en gaz carbonique ;

– la fermentation acétique donne le vinaigre ; en présence d'oxygène cette fois, des bactéries transforment l'alcool en acide acétique ;

– la fermentation butyrique s'effectue par le bacille amylobactère et conduit à la dégradation de divers glucides végétaux ;

– la fermentation lactique est produite elle aussi par des bactéries ; de l'acide lactique se forme à partir des sucres des végétaux ou du lactose du lait.

Intéressons-nous de plus près à cette dernière, sur deux exemples concrets, la choucroute et le yaourt.

La choucroute, c'est simplement au départ du chou blanc râpé disposé dans un grand pot avec un peu de sel[1]. Le sel sert à exprimer l'eau, d'où formation d'une saumure qui recouvre la préparation et crée des conditions anaérobies favorables au développement des bactéries lactiques. Celles-ci se trouvent en grand nombre dans le sol. Le chou poussant au ras de la terre, elles sont déjà présentes sur lui, et il n'est pas nécessaire d'ensemencer la préparation. La fermentation s'arrête d'elle-même lorsque la concentration en acide lactique atteint un certain seuil. Au final, on observe une modification de la texture et de la saveur, la choucroute étant très tendre et légèrement acidulée en comparaison du chou. On observe aussi une nette amélioration de la digestibilité : même crue, la choucroute ne provoque pas les flatulences caractéristiques du chou. Si une « choucroute » est parfois indigeste, ce n'est pas la faute de la choucroute proprement dite mais celle des grasses saucisses qui l'accompagnent.

1. Max Labbé, *Ces étonnants aliments végétaux fermentés et lacto-fermentés*, autoédition : 26, rue Rémy, 95430 Auvers-sur-Oise.

La choucroute est attestée dès le Moyen Âge en Allemagne, d'où elle s'est probablement répandue dans toute l'Europe de l'Est. Ses capacités de conservation, sa richesse en vitamines (B, K, A, C) et sa haute digestibilité en ont fait un aliment de choix pour résister aux rudes hivers et aux aléas de la production agricole.

Les probiotiques

Fermentés ou non, presque tous les aliments que nous ingérons contiennent des bactéries vivantes : produits laitiers, fruits et crudités, et même les préparations cuites, qui ne passent jamais directement des conditions aseptiques d'une cocotte-minute sous pression ou d'une poêle surchauffée à l'estomac. La plupart de ces bactéries, peut-être 95 %, meurent en route : dans l'estomac d'abord, milieu très acide que peu de bactéries tolèrent, dans l'intestin grêle ensuite, qui sécrète des substances protectrices, et enfin dans le gros intestin qui est protégé par son abondante flore microbienne.

Rappelons que notre système digestif abrite près de 100 000 milliards de bactéries appartenant à plus de quatre cents espèces différentes : *Acidaminococcus, Bifidobacterium, Butyrivibrio, Clostridium, Coprococcus, Escherichia, Fusobacterium, Lactobacillus, Peptostreptococcus, Ruminococcus*, etc. Cette microflore autochtone complète la décomposition des aliments. En plus, elle empêche habituellement la prolifération des germes étrangers qui auraient réussi à arriver jusque-là vivants. Si tout se passe bien, ils sont détruits ou bien transitent rapidement sans occasionner de dégâts. Si cela se passe moins bien, une diarrhée se déclenche, façon brutale d'éliminer les indésirables, pas toujours efficace d'ailleurs, et qui laisse le corps passablement affaibli.

Puisqu'il est impossible d'ingérer une nourriture totalement aseptisée, ce qui ne serait d'ailleurs pas forcément sain, le mieux à faire est de renforcer la flore intestinale, qui est parfaitement apte à disposer de la plupart des intrus. C'est tout l'intérêt des aliments appelés probiotiques parce qu'ils contiennent des bactéries vivantes, comme les yaourts et autres produits laitiers fermentés, qui constituent en quelque sorte des médicaments vivants. Ils contiennent pour chaque gramme entre 100 millions et 1 milliard de bactéries vivantes. Même si 95 % d'entre elles meurent en chemin, leur abondance est telle que le nombre à parvenir vivantes dans le gros intestin est loin d'être négligeable.

Ces bactéries appartiennent à des espèces comme les bifides ou les lactobacilles. On se doutait depuis longtemps qu'elles étaient pleines de vertus, mais des expérimentations rigoureuses l'ont établi fermement. Les bactéries lactiques aident à digérer le lactose. C'est le principal sucre du lait, indigeste pour la plupart des adultes qui ont perdu la capacité de sécréter la lactase, l'enzyme qui dégrade le lactose. Ces bactéries contribuent également à réduire les risques de diarrhée et à augmenter les défenses immunitaires.

L'usage d'aliments qui ont toutes les vertus de médicaments, fabriqués à partir de micro-organismes vivants, est fermement ancré dans l'humanité depuis des millénaires. Mais d'une manière totalement inconsciente. Le fait de savoir que ces bienfaits sont dus à des microbes est difficile à avaler, tant l'image que nous en avons, héritée du XIXe siècle comme beaucoup d'autres de nos conceptions, est négative. C'est pourquoi les publicitaires se sont gardés de parler de bactéries lorsqu'ils ont introduit sur le marché de nouveaux laits fermentés à base de *Bifidobacterium*, des bactéries habituelles de la flore intestinale. Discrètement, sans déclarer leur identité, ces produits ont néanmoins trouvé leur place à côté des traditionnels yaourts au *Lactobacillus casei* ou au *Lactobacillus acidofilus*.

Tous ces probiotiques, compléments alimentaires à base de bactéries vivantes, ont encore du mal à franchir les frontières des préjugés. Pourtant, ce sont des produits très efficaces et très surveillés. Depuis 1996, toute demande de commercialisation en Europe de probiotiques (levures et bactéries) doit être accompagnée d'un dossier déposé au niveau communautaire. Leur dépositaire doit prouver leurs vertus et la sécurité de leur utilisation pour l'animal et l'environnement. Une dizaine de probiotiques sont aujourd'hui autorisés pour l'alimentation animale et humaine. Pour les animaux, ils représentent une alternative naturelle à l'utilisation des antibiotiques. Ainsi, grâce à l'utilisation de la bactérie lactique *Pedicoccus acidilactici* dans l'alimentation des porcs, la croissance et les défenses immunitaires des animaux sont améliorées. Cette bactérie lactique est également venue en aide à l'aquaculture de la crevette et la pisciculture des truites soumises à de nombreuses pathologies, rendant inutile l'usage d'antibiotiques.

Dans la nutrition humaine, les probiotiques sont aussi très utiles. Bifidobactéries, *Lactobacillus acidophilus, Lactobacillus rhammosus, Saccharomyces boulardii* et autres petites vies sagement encapsulées font merveille sur les troubles digestifs, les acidités gastriques, le vieillissement (levures dopées au sélénium) et les faiblesses immunitaires.

Plus problématique est l'introduction des OGM, les organismes génétiquement modifiés. Malgré quelques succès que peu remettent en cause, comme la production d'insuline par des bactéries modifiées, malgré de vastes perspectives pour la santé humaine et l'agriculture, la démarche est loin de faire l'unanimité. Mais sait-on bien de quoi il s'agit ?

Les OGM

La méthode traditionnelle d'amélioration des espèces animales et végétales consiste à croiser des individus puis à sélectionner les rejetons qui, selon certains critères, sont jugés les plus performants. C'est ainsi qu'au fil des millénaires l'homme a créé des variétés de céréales, de fruits, de légumes, de fleurs, de vaches, de poules, de cochons, etc., qui lui convenaient mieux que les espèces sauvages.

Les avancées de la biologie moléculaire ont permis de renouveler complètement l'approche. La transgenèse, ou génie génétique, consiste à produire des organismes génétiquement modifiés en intervenant directement sur le patrimoine génétique. À la base de cette approche, il y a, d'une part, le fait que l'information génétique est inscrite dans l'ADN d'un organisme selon un code que l'on sait décrypter, d'autre part, le fait que ce code est partagé par tous les êtres vivants sur la Terre, ce qui permet de franchir la barrière des espèces. C'est ce que font les bactéries depuis toujours. Au sein de leur microcosme, elles échangent leur ADN entre souches différentes, le modifient, et cela leur donne une grande faculté d'adaptation et de transformation. Mais avec l'invention de la sexualité mâle et femelle, la règle du jeu a changé pour le vivant. Les espèces ainsi créées ne peuvent se reproduire qu'entre elles. Autrement dit, les biologistes reprennent avec des objectifs différents le travail des bactéries. Repérer et extraire de l'ADN les gènes qui codent une certaine fonction et les transférer à un autre organisme pour lui conférer le même caractère, faisant de lui un organisme génétiquement modifié : un OGM.

En pratique, la première étape de la transgenèse consiste à identifier une substance qui confère à un organisme une propriété intéressante, par exemple un anticoagulant ou un insecticide, et à repérer ensuite sur son ADN le gène correspondant. Grâce aux techniques de la biologie moléculaire, ce gène est isolé et multiplié. Deuxième étape, le gène est introduit dans le génome d'un autre organisme auquel on souhaite donner ce caractère, une bactérie, un animal ou une plante. La méthode la plus simple consiste à l'injecter directement dans la cellule au moyen d'une microseringue. Comme ce n'est guère précis, le gène s'insère un peu n'importe où, et le résultat final n'est pas toujours celui attendu. D'où l'importance de la troisième étape, qui consiste à trier les organismes qui ont intégré correctement le gène et l'expriment de manière satisfaisante.

En 1973, la transgenèse a été expérimentée pour la première fois avec succès sur la bactérie *Escherichia coli.* En 1978, ce fut au tour d'une souris de devenir transgénique et, en 1981, du tabac. En 1994, une plante transgénique a pour la première fois été mise sur le marché. Il s'agissait d'une variété de tomate à conservation améliorée. À partir de là, l'histoire s'est emballée, notamment dans le domaine agricole, avec la création et la mise en vente de toutes sortes de plantes transgéniques conçues pour résister aux pathogènes et aux insecticides : du maïs, du soja, du coton, du colza, etc.

Les OGM dans l'agriculture font l'objet de nombreux

débats. Cela concerne en particulier les risques pour la santé humaine, puisque sont introduites dans l'alimentation des substances qui ne sont pas habituelles, et les risques de dissémination des gènes dans les plantes naturelles, parce qu'on ne peut pas contrôler la dispersion du pollen par les insectes ou par le vent. Sur un plan plus large, moins scientifique mais tout aussi fondamental, le problème posé par les OGM concerne également la possibilité, par le biais des brevets, d'une privatisation du vivant.

En braquant les feux de l'actualité sur les plantes transgéniques, on en oublierait presque que ce n'est là qu'une partie des applications possibles du génie génétique. Un autre champ d'applications important est la production de médicaments par des OGM.

On sait que les protéines jouent un rôle essentiel dans les êtres vivants. Elles participent à leur structure autant qu'à leur fonctionnement. Des protéines comme les enzymes assurent la plupart des réactions biochimiques à l'intérieur des cellules : la digestion, la synthèse de molécules diverses, la réplication, etc. D'autres protéines assurent des fonctions de communication et de régulation dans les organismes complexes : insuline, hormone de croissance, etc. Celles-ci présentent un énorme intérêt thérapeutique. Des injections d'insuline permettent de corriger le diabète, des injections d'hormone de croissance permettent de corriger les retards de croissance des enfants.

Malheureusement, ces substances sont trop complexes pour être synthétisées chimiquement. Il a longtemps fallu se contenter de les extraire du corps d'animaux (insuline de porc) ou d'humains (hormone de croissance). Les OGM ont ouvert de nouvelles possibilités et la pharmacie a été le premier secteur économique à se convertir aux biotechnologies microbiennes. Le succès est vite venu avec, dès 1986, la production d'insuline par une bactérie modifiée. Comme il s'agit exactement de la même molécule que celle synthétisée par le pancréas puisqu'elle est fabriquée par le même gène, il n'y a aucun risque pour les diabétiques à se l'injecter. Nombre de médicaments sont fabriqués aujourd'hui grâce à des microbes. Des dizaines de produits d'intérêt thérapeutique ont vu le jour ces dernières années : insuline, hormone de croissance, vaccin de l'hépatite B, collagène, anticoagulants, anticorps monoclonaux[1], vitamine B12, vitamine C, vitamine B2, substances contre les tumeurs, cortisone contre les inflammations, etc. Les recherches vont bon train et les espoirs sont grands, même si peu de produits ont été mis sur le marché jusqu'à présent. Peut-être y a-t-il plus de prudence ou de réticences qu'en matière agricole ?

À quoi cela nous fait réfléchir

De nouvelles pistes

Il ne fait aucun doute que la médecine a fait d'énormes progrès ces deux derniers siècles. Les plus flagrants sont à porter au crédit de la chirurgie réparatrice : greffe de membres et d'organes, chirurgie plastique, soins aux

1. Les anticorps monoclonaux ont plusieurs usages : protéger contre certaines maladies, par exemple celles dues à des bactéries devenues résistantes aux antibiotiques, diriger des molécules toxiques contre des cellules tumorales, ou encore bloquer des réactions inflammatoires.

grands brûlés, etc. On ne peut non plus contester l'efficacité des traitements mis au point pour soigner des maladies telles que la lèpre (due au bacille de Hansen), le tétanos, etc.

Dans d'autres domaines, les résultats sont plus mitigés. En particulier cancers, maladies cardio-vasculaires, immunitaires, allergies, etc., continuent de progresser malgré des détections de plus en plus précises et précoces, et des traitements de plus en plus sophistiqués. L'énormité des dépenses dans le secteur médical prouve que nos sociétés ne sont pas en bonne santé.

L'apparition d'une maladie résulte très certainement d'une équation très complexe où entrent en compte des facteurs aussi divers que l'hérédité, l'alimentation, le mode de vie, la qualité de l'environnement, la vie affective, le goût de vivre, les humeurs, etc. De la même manière que certains phénomènes de parasitisme se sont révélés des moteurs de l'évolution des espèces, il se pourrait que la maladie ait un sens bien plus profond qu'une simple agression. Le phénomène de guérison est sans nul doute encore plus difficile à cerner. À y bien regarder, la médecine n'est qu'un facteur parmi d'autres, pas forcément le plus important.

Par exemple, l'allongement de l'espérance de vie et le recul de grandes maladies infectieuses telles que la tuberculose, le choléra ou la typhoïde en Europe au XIXe siècle ne doivent pas grand-chose à la médecine. Vaccinations et antibiotiques n'y sont pour rien. Des études historiques montrent que le premier facteur déterminant de l'amélioration de l'état de santé a été la nutrition. Elle s'améliore notablement dans la seconde moitié du XIXe siècle, tant en quantité qu'en qualité. L'autre facteur déterminant est l'hygiène : traitement des eaux usées par des fosses septiques, savons et lessives, aération et ensoleillement des habitations, régression des taudis humides et infestés de rats, etc. La médecine ne vient qu'au troisième rang, loin derrière les deux autres.

Autre phénomène intéressant à observer, les autoguérisons. Tout le monde connaît des personnes qui, atteintes de maladies parfaitement diagnostiquées et parfois jugées incurables par le corps médical, guérissent spontanément, sans recours à aucun traitement, et sans qu'il en reste même de traces sinon quelques vagues cicatrices.

Tout le monde connaît aussi l'effet placebo, grâce à quoi une substance anodine comme l'eau ou le sucre acquiert toutes les vertus thérapeutiques d'un médicament par le simple fait de la croyance aux vertus de la potion et de la confiance placée dans le médecin. On pourrait s'attendre à ce que le placebo agisse surtout dans des affections bénignes, où l'élément psychologique joue un rôle prépondérant, comme l'anxiété. Il n'en est rien. L'efficacité du placebo est très étendue, souvent proche des performances réalisées par les « vrais » médicaments. Des opérations chirurgicales placebos ont même été réalisées avec d'aussi bons résultats que des vraies (le chirurgien se contente d'ouvrir et de refermer la partie du corps concernée pour faire croire qu'une opération a eu lieu). Autre surprise : il est fréquent que la prise d'un placebo s'accompagne des mêmes effets secondaires que les médicaments qu'ils sont supposés remplacer, comme par exemple des palpitations cardiaques ou des problèmes urinaires. Les images du cerveau obtenues par résonance magnétique nucléaire confirment que notre organisme est capable de produire des substances utiles par la seule conviction que la pastille de sucre ingurgitée est censée produire ces effets. En attendant que ces voies soient explorées plus à fond et qu'il en sorte une nouvelle compréhension de la maladie et de son remède, les bactéries peuvent nous apporter d'immenses bienfaits, surtout si on les conçoit comme des amies bénéfiques. Ce qu'elles sont effectivement pour la plupart et depuis toujours.

8.

Bactéries domestiquées

Des blouses blanches au bleu de chauffe

Les bactéries sont notre passé. Seront-elles notre futur ? Nombre d'experts le pensent et annoncent que le capitalisme de demain sera bactérien. Brevetées, domestiquées, commercialisées, les petites vies sont devenues en l'espace d'une vingtaine d'années des agents importants du monde économique. Et la course aux bactéries ne fait que commencer ! Elles travaillent déjà en blouse blanche depuis près de vingt ans pour les laboratoires pharmaceutiques. D'autres ont mis le bleu de travail et sont entrées à l'usine. Il ne fait aucun doute que dans un proche avenir, elles participeront de plus en plus à toutes sortes de processus industriels, que ce soit indirectement par l'intermédiaire de leurs enzymes, ou plus directement comme dans la bioremédiation, pour nettoyer nos déchets et nos sites pollués. Elles seules en effet semblent capables de s'attaquer à nos pires déchets chimiques ou même nucléaires pour les recycler naturellement dans la biosphère. Et la liste des applications n'est pas close : engrais naturel, protection des récoltes, production d'énergie, récupération de pétrole, extraction de minerais (comme l'or), synthèse de nouveaux matériaux (comme la soie d'araignée), biodégradation des plastiques, nettoyage des vieilles pierres... Nous sommes peut-être à l'aube d'une nouvelle révolution industrielle, où des processus biologiques remplaceront des opérations mécaniques et chimiques.

Comment on le sait

De l'humus au compostage industriel

Humanité, humilité, humus ont étymologiquement la même origine. Sans humus, pas de terre vivante, pas d'arbres, pas de plantes, pas d'animaux, pas d'hommes, pas d'agriculture. L'humus, c'est le substrat de la vie, le marchepied de la grandeur. Il est fabriqué depuis toujours par des bactéries qui dégradent les déchets végétaux et animaux. Chaque année, les micro-organismes du sol dévorent autant de matière végétale et animale qu'il en naît sur la planète.

Dans les systèmes naturels, l'humus est produit lorsque les plantes meurent et se décomposent au sol sous l'action des micro-organismes. Ce cycle est rompu par l'agriculture. Au moment de la récolte, la majorité de la biomasse est exportée hors champ. C'est le but, mais il a un prix : la faible quantité de résidus organiques laissés sur le sol ne suffit plus à nourrir la terre. On lui apporte donc des engrais, aujourd'hui le plus souvent chimiques, pour compenser le manque d'azote, de potassium et de phosphore. Ces apports peuvent être nuisibles de deux manières : d'une part, en surchargeant la terre avec des produits difficiles à dégrader (d'où, par exemple, la pollution par les nitrates) ; d'autre part, en créant des déséquilibres avec d'autres oligoéléments, comme le calcium ou le magnésium.

Ne serait-il pas plus logique de revenir à un processus naturel, nourrir la terre avec ce qu'elle aime, de l'humus qui contient toutes sortes de nutriments et possède en plus d'autres bienfaits, comme améliorer la structure du sol ou garder l'humidité ? Ce compost serait fait de nos résidus agricoles, des boues d'épuration, des restes de nos poubelles. D'une pierre deux coups : nourrir sainement la terre et les hommes, et recycler nos déchets biodégradables, tout cela grâce aux bactéries. L'idée commence à faire son chemin. L'épandage industriel des déchets organiques compostés est présenté de plus en plus comme une alternative souhaitable à la mise en décharge ou à l'incinération. Dans les pays riches mais aussi dans les pays pauvres, car le compost est un engrais économique. L'un des fervents défenseurs de cette technique, l'expert en agroécologie Pierre Rabhi, affirme après avoir expérimenté avec succès sa technique de compostage dans les pays du Sahel : « Avec un bon compost on peut faire refleurir le désert[1]. » Si cela se vérifie un jour, nous le devrons à toute une armée de bactéries, capables de transformer des déchets en nourriture pour la vie.

1. Pierre Rabhi, *Le chant de la Terre*, éditions La Table ronde.

Bactéries contre plastique

Pour résoudre le problème des sacs plastiques qui traînent éternellement dans la nature, défigurant nombre de paysages, surtout dans les pays du tiers-monde, le chimiste indien Anjani Varma a eu l'idée d'incorporer du sucre lors de la fabrication du plastique. Le National Chemical Laboratory indien a fait des essais qui dépassent tous les espoirs. Pour 3 % de sucre supplémentaire (sucre intégré aux polymères), 20 % du plastique a été dévoré en quelques jours par des bactéries gourmandes. Le procédé est moins onéreux que les méthodes utilisées aujourd'hui pour tenter de rendre les plastiques biodégradables et ouvre des perspectives intéressantes pour la dégradation des polymères, véritable casse-tête du recyclage actuel.

Bactéries contre insectes

Chaque année, près du tiers de la production agricole et sylvicole est détruite par les insectes. Cela a peut-être un sens au niveau de Gaïa, mais il nous échappe pour le moment. À vrai dire, on ne se pose même pas la question, et l'on se satisfait de la première réponse qui vient à l'esprit : une nature sauvage s'oppose violemment à l'action civilisatrice de l'homme, car des forêts aux arbres parfaitement alignés, des champs carrés bien labourés et des jardins tracés au cordeau, ce n'est plus la jungle, c'est la civilisation. À cette sauvagerie de la nature, l'homme réplique en faisant usage d'armes de destruction massive, les insecticides.

La comparaison n'est pas usurpée. Les gaz de combat

de la Première Guerre mondiale ont été effectivement recyclés comme insecticides. Les épandages chimiques sur les terres agricoles ont des effets nocifs pour l'environnement et la santé : le sol et l'eau sont massivement pollués ; l'alimentation contient de plus en plus de résidus toxiques ; des centaines d'espèces d'insectes sont aujourd'hui résistantes à au moins un insecticide. Comme dans le cas des antibiotiques, persévérer dans cette voie ne peut que faire empirer les choses car, pour détruire des ravageurs devenus résistants, il faut des produits encore plus puissants, donc encore plus toxiques, face auxquels l'ennemi devient plus coriace.

Heureusement, d'autres voies existent, à l'efficacité beaucoup plus sélective. On sait depuis Pasteur que les insectes ont eux aussi leurs maladies causées par des micro-organismes. Il a découvert le phénomène en étudiant les maladies du ver à soie : la flacherie est due à une bactérie et la pébrine à un protozoaire.

En 1911, une bactérie pathogène de la teigne de la farine est identifiée par un biologiste allemand. Son nom : *Bacillus thuringiensis, Bt* en abrégé, *Bacillus* parce que c'est un bacille, c'est-à-dire un microbe en forme de bâtonnet, et *thuringiensis* parce qu'il a été isolé pour la première fois dans la province de Thuringe. Codée dans ses plasmides, cette bactérie fabrique des protéines aux puissantes propriétés insecticides. Dès les années 1930, elle fut employée contre la pyrale du maïs et la piéride du chou. Depuis, des souches produisant des insecticides de plus en plus puissants et agissant sur des variétés d'insectes de plus en plus larges ont été repérées et sélectionnées. On a recensé à ce jour plus de 50 000 souches de *Bacillus thuringiensis*. La structure de leurs toxines est globalement la même. Les différences touchent principalement les récepteurs grâce auxquels elles se lient aux cellules de leur hôte. Cela confère à chaque souche une spécificité, chacune n'étant active que sur un nombre limité d'espèces d'insectes. Par exemple :

Bt israelensis est particulièrement active contre certaines espèces de mouches et de moustiques qui véhiculent des maladies tropicales comme la fièvre jaune ou le paludisme.

Bt kurstaki s'attaque aux lépidoptères, insectes communément appelés chenilles à l'état larvaire et papillons à l'état adulte, et qui sont de très efficaces défoliateurs d'arbres et de cultures maraîchères.

Bt san diego et *Bt tenebrionis* sont quant à eux efficaces contre les coléoptères tels que hannetons, charançons, etc., qui s'attaquent aux arbres et aux cultures (les coléoptères ont pour particularité d'avoir des élytres qui recouvrent leurs ailes, comme des capots de protection).

Plus de vingt-cinq produits à base de *Bt* sont proposés sur le marché, mais ils représentent tout juste 1 % du marché des insecticides. On constate cependant une progression, contrepartie de la contestation grandissante dont sont victimes les pesticides chimiques. À l'heure du développement durable, leur usage devrait donc se répandre.

Ces produits se présentent habituellement sous forme de poudres contenant un mélange de spores et de toxines. La poudre est répandue sur les feuilles dont se nourrissent les larves des insectes. La méthode se révèle efficace, autant contre les lépidoptères qui attaquent les forêts (tordeuse du mélèze, tordeuse du chêne vert, chenille processionnaire du pin, etc.) que contre les coléoptères qui ravagent les cultures maraîchères (doryphores, charançons, etc.).

Dans le cas des moustiques dont les larves se développent dans l'eau, les préparations de *Bacillus thuringiensis* se présentent sous forme de granulés ou de poudres solubles, voire de pastilles effervescentes. En Chine, en Inde, au Cameroun, au Brésil, en Colombie, *Bt* a permis de contrôler les populations de moustiques vecteurs de maladies graves comme le paludisme, la fièvre jaune, la dengue, la filariose, etc. Ces maladies touchent entre 500 millions et 1 milliard de personnes dans le monde.

L'usage de *Bacillus thuringiensis* présente tout de même quelques limitations. D'abord les toxines sont sensibles aux radiations ultraviolettes, qui leur font perdre rapidement leurs propriétés. Ensuite, il n'est pas exclu qu'un usage immodéré finisse, encore une fois, par provoquer l'acquisition de résistances par les insectes.

Bactéries manipulées

Pour améliorer l'efficacité de la lutte contre les insectes, plusieurs stratégies sont employées, qui font appel aux ressources du génie génétique. La première méthode consiste à doter les plantes elles-mêmes de la capacité à sécréter des toxines nuisibles aux insectes. Des dizaines d'espèces transgéniques qui expriment les gènes de *Bt* ont été créées : tabac, coton, maïs, pomme de terre, soja, colza, riz, pommier, noyer, vigne, etc. Même si rien ne garantit qu'à long terme des insectes continuellement exposés à ces toxines ne finiront pas par développer des résistances, cela semble efficace. En

2001, le gain de rendement grâce au coton *Bt* était de 10 %, et la diminution de la quantité d'insecticide pulvérisée de plus de 60 %. En 2002, plus de 50 % des superficies de coton cultivées en Chine étaient des variétés *Bt*.

L'autre approche consiste à transférer les gènes des toxines de *Bt* à d'autres bactéries, comme *Bacillus sphaericus*. Cette dernière est déjà utilisée contre des larves de moustiques. Mais elle est peu toxique contre certaines espèces. Quant aux autres sur lesquelles elle est efficace, quelques-unes sont déjà devenues résistantes. Elle présente tout de même un avantage sur *Bt israelensis*, employée elle aussi contre les moustiques : elle est beaucoup moins sensible aux contraintes de l'environnement, se montrant notamment capable de survivre dans des eaux polluées. D'où l'idée de combiner les avantages des deux, de prendre à *Bt israelensis* les gènes des toxines et de les donner à *Bacillus sphaericus* pour obtenir un nouvel organisme robuste et fatal aux larves de moustiques. La chimère a été réalisée à l'Institut Pasteur. Mais l'histoire est loin d'être terminée, puisqu'on a trouvé récemment dans ce même institut une souche qui est de dix à quarante fois plus toxique que *Bt israelensis* : *Bacillus thuringiensis jegathesan*[1].

La décontamination de sites pollués

L'activité économique moderne génère des pollutions massives, notamment autour des mines, des sites d'in-

1. « La lutte bactériologique contre les insectes », *Annales de l'Institut Pasteur Actualités*, mai 1997.

dustries chimiques et nucléaires, dans les terres agricoles inondées d'engrais et de pesticides, ou encore à la suite d'accidents comme l'explosion de la centrale nucléaire de Tchernobyl ou les naufrages de navires pétroliers.

D'expérience, les techniques employées habituellement pour lutter contre ces pollutions ne sont pas d'une grande efficacité. La première méthode est le confinement. Cela consiste à mettre en place une barrière censée interdire les transferts entre la source de pollution et le milieu environnant. Mais même lorsque toutes les précautions sont prises pour en assurer l'étanchéité, des fuites finissent tôt ou tard par se produire, à cause du vieillissement des matériaux, de l'usure, de mouvements de terrain, etc. On sait que le sarcophage de béton édifié sur le réacteur explosé de Tchernobyl fuit de toutes parts. Plus récemment, en 2003, 1,2 milliard de litres de résidus toxiques d'une papeterie brésilienne se sont répandus dans deux rivières. Résultat : tous les poissons sont morts, et 600 000 personnes ont été privées d'eau potable [1].

Un autre procédé habituel de lutte contre la pollution consiste à extraire les substances polluantes par des procédés physico-chimiques et à les détruire ou les rendre inoffensives. Dans le cas de sols pollués, cela exige de lourdes et coûteuses opérations de génie civil pour excaver et déplacer des tonnes de terre. D'où un risque de dispersion de la pollution. Ensuite, les procédés employés pour traiter les polluants ne sont pas toujours inoffensifs. Par exemple, on sait éliminer l'arsenic en le faisant absorber par de l'alumine activée. Mais la régénération de la colonne d'absorption se fait avec de la

1. Dans *Courrier international*, n° 650, p. 60.

soude caustique : un produit dangereux en remplace un autre.

Finalement, la stratégie la plus commune consiste tout simplement à ne rien faire. Ou plutôt à laisser faire la nature. Elle sait d'ailleurs très bien s'accommoder de toutes sortes de poisons. Ce que nous considérons comme des pollutions sont souvent, du point de vue des micro-organismes, de nouvelles et providentielles sources de nourriture. Près de 90 % des bactéries présentes naturellement dans l'environnement savent métaboliser les polluants, c'est-à-dire les ingérer, les digérer et les rejeter sous une autre forme. Elles peuvent agir aussi bien dans les couches superficielles de la terre que dans les couches profondes, dans les eaux courantes que dans les eaux stagnantes. Par exemple : contre la dioxine : *Brevibacterium*, contre les hydrocarbures : *Acinetobacter, Flavobacterium, Bacillus, Pseudomonas*, contre les métaux lourds (plomb, cadmium, zinc, cuivre) : *Saccharomyces, Rhizopus, Thiobacillus*, contre les pesticides : *Enterobacter*.

Voyons de plus près le cas des nitrates, autre source de pollution majeure.

Pour relancer l'agriculture, les engrais azotés ont commencé à être abondamment utilisés juste après la Seconde Guerre mondiale, avec une nette accélération dans les années 1960. Mais tout l'azote répandu n'est pas utilisé par les plantes cultivées. Même lorsque les dosages sont faits au plus juste, il y a inévitablement une fraction qui fuit dans l'environnement sous forme de nitrates (NO_3). Bien que minimes, environ 10 % des apports azotés, cela suffit à rendre l'eau non potable. À cause de phénomènes complexes de réabsorption par divers organismes, l'infiltration est très lente. Le surplus de matière azotée d'un champ en 1980 continue aujourd'hui encore à se diffuser par toutes petites doses dans les nappes phréatiques. En France, celles-ci sont toutes souillées, sans exception. Difficile de traiter une telle pollution.

Mais ce n'est pas une pollution pour tout le monde. Certaines bactéries des genres *Pseudomonas, Azospirillum, Bacillus, Paracoccus* se régalent des nitrates lorsqu'elles se trouvent dans des milieux dépourvus d'oxygène, comme dans les zones spongieuses qui bordent les rivières, voire dans des nappes d'eau souterraines à plusieurs dizaines de mètres de profondeur. Ces bactéries sont capables en quelque sorte de « respirer » les nitrates, c'est-à-dire d'en extraire l'oxygène, et par contrecoup de libérer de l'azote gazeux. Celui-ci non seulement est inoffensif, mais en plus indispensable en tant que constituant principal de l'atmosphère. C'est d'ailleurs grâce à ces bactéries que la teneur en azote dans l'air reste stable autour de 80 %. Lorsque les conditions sont favorables, elles sont d'une redoutable efficacité puisqu'elles sont capables d'extraire de l'environnement 3 kg de nitrates par hectare et par jour, alors qu'en comparaison les pertes dans un champ traité s'élèvent à environ 30 kg par hectare et par an.

Bioremédiation

Puisque les bactéries sont de si efficaces dépollueuses, pourquoi ne pas les mettre à notre service ? Cette nouvelle approche de la dépollution s'appelle la *bioremédiation.* Les polluants sont maintenant considérés comme des nourritures potentielles pour des bactéries.

Elles en tirent l'énergie dont elles ont besoin pour se développer et se reproduire. Chemin faisant, les substances toxiques pour d'autres espèces sont dégradées en sous-produits non toxiques, ou bien fixées sous des formes stables qui ne présentent plus aucun danger. La bioremédiation consiste à donner un coup de pouce à la nature. Car si l'on se contente de laisser faire, les résultats sont incertains vu que le processus de biodégradation dépend fortement des conditions régnant sur le site. La solution du laisser-faire n'est efficace que sur le long terme. Or nous en arrivons au stade de l'urgence.

Il y a plusieurs manières de donner un coup de pouce à la nature. La première consiste à modifier les conditions régnant sur le site pollué de façon à stimuler la croissance des bactéries favorables naturellement présentes dans le sol ou dans l'eau. Cela peut se faire par apport de nutriments (composés azotés, sels de phosphate, etc.) ou de substances correctrices du milieu (correcteurs d'acidité, oxygène, etc.). L'autre manière de procéder, complémentaire de la précédente, consiste à ensemencer le milieu avec des bactéries sélectionnées pour leur efficacité contre ce type de pollution dans ce milieu particulier et pour leur innocuité vis-à-vis des autres êtres vivants : bactéries naturelles, et de plus en plus bactéries transgéniques qui cumulent les avantages de différentes souches. Par exemple la résistance aux radiations de *Deinococcus radiodurans*, déjà rencontrée, associée à la résistance au mercure ionique de *Escherichia coli* a permis de créer une nouvelle souche capable de transformer du mercure ionique hautement toxique en mercure ordinaire moins toxique, et ce au sein de déchets nucléaires fortement radioactifs.

Les avantages de la bioremédiation sont nombreux : traitement de la pollution sans opérations d'excavation, d'où préservation du site, de la faune, de la flore ; possibilité d'intervenir dans des milieux variés, même inaccessibles comme des sous-sols profonds ou des nappes phréatiques ; moindre coût par rapport aux techniques de confinement ou de traitements physico-chimiques. C'est à se demander pourquoi on n'y avait pas pensé plus tôt. En fait, la bioremédiation exige la maîtrise de toute une chaîne technologique hautement sophistiquée : identification de souches bactériennes, connaissance précise de leur métabolisme, technique de production de masse, d'épandage dans l'environnement, etc. Surtout, il fallait auparavant opérer un changement de perspective : voir, d'une part, les bactéries comme des alliées et non plus des ennemies et, d'autre part, dans les polluants des nourritures potentielles et pas seulement des poisons. Cette révolution accomplie, les scientifiques ont pu réorienter leurs recherches. Du coup, ils ont découvert des tas de bactéries utiles, capables de traiter le mercure, l'arsenic, le plomb, les hydrocarbures, le trichloréthylène, la dioxine, etc. Particulièrement intéressante est la réponse au problème de l'arsenic.

Des bactéries nettoyeuses d'arsenic

L'arsenic, mieux connu sous la dénomination de mort-aux-rats, est un violent poison pour les animaux et pour l'homme. L'Organisation mondiale de la santé et l'Union européenne ont fixé à 10 microgrammes par litre, c'est-à-dire 10 millionièmes de gramme, la concentration maximale admissible dans les eaux destinées à la consommation. Les eaux fortement polluées dépassent facilement cette norme d'un facteur 1 000, voire 10 000. L'arsenic peut avoir une origine naturelle. Plus fréquemment, il provient d'activités humaines, rejets industriels, combustion de charbon et surtout, traitement de minerais, comme sur le site de Carnoulès dans le Gard.

On y exploitait, il y a près de quarante ans, du minerai de sulfure de plomb. L'oxydation des sulfures sous l'action de l'eau produit de l'acide sulfurique. L'eau devient très acide (pH de 2,5 à 3,5), capable de dissoudre de nombreuses substances comme le fer, le zinc, le plomb, et bien sûr l'arsenic. Ce dernier présente la particularité d'être beaucoup plus dangereux sous la forme appelée arsénite (As^{3+}) que sous celle appelée arséniate (As^{5+}). Dans le premier cas, il est sous une forme soluble hautement toxique et difficile à extraire. Dans le second cas, il forme des dépôts relativement stables et beaucoup moins toxiques.

Des chercheurs de l'université de Montpellier ont fait une découverte intéressante sur le site de Carnoulès[1]. Ils ont constaté que, juste à la sortie de la carrière, la concentration en arsenic dans un ruisseau atteignait des valeurs de 100 à 300 milligrammes par litre, et que, 1,5 km en aval, il n'y avait plus que 0,2 à 4 milligrammes par litre. Le reste s'était déposé en chemin. Ils ont trouvé dans les sédiments des dépôts jaunes d'arséniate ferrique contenant de 9 à 20 % d'arsenic. Ces dépôts présentaient une structure caractéristique, celle de stromatolites, suggérant une origine bactérienne. Des analyses biologiques permirent d'isoler des bactéries des

1. Leblanc, Achard, Benothman, Bertrand-Sarfati, Luck, Personne, « Accumulation of arsenic from acidic mine waters by ferruginous bacterial accretions (stromatolites) », *Applied Geochemistry*, 1995.

types *Thiobacillus* et *Leptothrix*. Elles forment un véritable tapis sur le sable au fond de l'eau et s'entourent d'une gaine constituée d'arsenic et de fer.

D'autres bactéries sont aussi actives contre l'arsenic. Des chercheurs du BRGM d'Orléans les ont trouvées dans l'ancienne mine d'or de Cheni dans la Haute-Vienne[1]. La plus intéressante a été baptisée CAsO1. Elle utilise le gaz carbonique comme source de carbone et tire son énergie de l'oxydation d'arsénite en arséniate grâce à l'oxygène de l'air.

À partir de ces observations, ils ont conçu un procédé pour réduire la concentration d'arsenic à la norme de 10 microgrammes par litre dans des eaux polluées contenant jusqu'à 1 gramme par litre. L'opération se déroule dans un bioréacteur dans lequel circule l'eau à traiter. Elle peut provenir d'un puits, d'un forage ou de rejets de processus industriels. Quelques nutriments sont ajoutés (azote et phosphore), et de l'air est injecté afin de créer des conditions plus favorables à la croissance des bactéries CAsO1. Celles-ci sont disposées dans le réacteur de manière à être bien en contact avec la solution à traiter. Après quelques heures, durée qui dépend évidemment du taux de pollution, presque tout l'arsénite a été transformé en arséniate. La solution est alors dirigée vers un dispositif qui élimine ce dernier. Reste une concentration résiduelle d'arsenic, conforme aux normes.

1. Dictor, Battaglia-Brunet, Baranger, « Comportements biogéochimiques de l'arsenic dans un ancien site minier, importance des processus microbiens », *BRGM, environnement industriel et procédés*, Orléans.

Enzymes gloutons[1]

Le grand public a découvert les enzymes à travers une publicité pour une lessive qui vantait les mérites des « enzymes gloutons », censés faire disparaître toutes les taches. On n'y croyait qu'à moitié. Et pourtant c'est vrai ! Il y a effectivement des enzymes dans les lessives. Cela fait plusieurs années que les grands lessiviers les ajoutent à leurs produits pour en augmenter l'efficacité tout en réduisant la proportion de détergents. Les *protéases* éliminent les taches d'œuf, les *lipases* les taches de graisse, les *amylases* dégradent les amidons comme les pâtes ou les pommes de terre, les *cellulases* éliminent les microfibres endommagées dans les tissus en coton.

Bien que ce soit moins connu, il est d'autres domaines où les enzymes jouent un rôle important : l'industrie papetière, l'industrie alimentaire et l'industrie pharmaceutique.

On sait que la fabrication du papier passe par la dégradation des fibres du bois, dont les principaux constituants sont la cellulose, l'hémicellulose et la lignine. Ce sont des substances très dures, difficiles à dégrader. Leur transformation se fait à température élevée à l'aide de produits chimiques puissants, donc polluants. Pour réduire les rejets dangereux, on a recours de plus en plus à des enzymes, lorsque c'est possible : des *cellulases* pour digérer la cellulose, des *amylases* pour se débarrasser de l'amidon, des *xylanases* pour aider au blanchiment.

Dans l'industrie alimentaire, les enzymes interviennent

1. Nous retiendrons ici l'emploi du mot *enzyme* au masculin.

nent presque partout : dans la fabrication de la bière, du vin, des jus de fruits, du pain, de l'huile, dans la synthèse d'arômes, la transformation de l'amidon issu du blé, du maïs ou de la pomme de terre... Les enzymes interviennent aussi dans la fabrication d'aliments pour animaux. Ils sont ajoutés pour faciliter l'assimilation de certaines substances par le système digestif et pour dégrader les fibres sans valeur nutritionnelle.

Les enzymes sont encore indispensables aux laboratoires biologiques et aux industries pharmaceutiques. L'*ADN-polymérase* et l'*ADN-ligase* interviennent dans la réplication du matériel génétique et sont employés dans de nombreux tests médicaux. Toutes sortes d'enzymes sont par ailleurs utilisés pour fractionner des macromolécules en composés plus simples, ou bien pour synthétiser des molécules complexes.

La plupart des enzymes utilisés actuellement par l'industrie sont tirés d'organismes classiques : des levures, des champignons et surtout des bactéries. Ces micro-organismes sont cultivés dans de grands bacs de fermentation contenant un milieu nutritif approprié. Puis ils sont réduits en purée et les enzymes sont extraits. Le problème avec ces enzymes est qu'ils sont délicats. Ils perdent facilement leurs propriétés lorsque les conditions de travail deviennent un tant soit peu difficiles. Une chaleur excessive, des conditions un peu trop acides ou un peu trop alcalines, la présence de sel, de solvants, etc., peuvent facilement les détruire ou inhiber leur fonctionnement. Or la plupart des processus industriels se déroulent dans de tels milieux difficiles en termes de température, de pression, d'acidité, où se mélangent en plus toutes sortes de substances aux effets parfois antagonistes.

Pour le moment, les industriels doivent se contenter

de s'adapter aux limitations imposées par les enzymes. Mais les choses sont en train de changer. On se souvient que la plupart des archéobactéries vivent dans des environnements extrêmes : les *psychrophiles* sont à l'aise à des températures proches de 0 °C ; les *thermophiles* sont adaptées à des températures supérieures à 60 °C et les *hyperthermophiles* n'aiment pas vivre en dessous de 80 °C (*Pyrolobus fumarii* supporte jusqu'à 113 °C et trouve son optimum à 106 °C) ; les *acidophiles* et les *basophiles* aiment les milieux respectivement acides et basiques ; les *barophiles* supportent des pressions très élevées, jusqu'à 1 000 atmosphères ; les *halophiles* vivent dans des milieux très salés, proches de la saturation.

Les enzymes synthétisés par ces bactéries dites extrémophiles sont évidemment beaucoup plus résistants que ceux provenant de bactéries classiques. Depuis quelques années, de nombreux laboratoires cherchent un peu partout de telles bactéries atypiques susceptibles de fournir des enzymes adaptés à chaque processus industriel : dans les grands fonds marins, sous la glace, au voisinage de sources chaudes, dans les marais salants, etc. Leurs avantages sont évidents. D'une part, ils catalysent efficacement des réactions biochimiques dans des conditions de température, de pression, d'acidité, de salinité, qui sont optimales pour le processus industriel considéré, d'où de bien meilleurs rendements. D'autre part, ils se substituent à des produits chimiques parfois dangereux, d'où moins de risques pour la santé et moins de pollution. Enfin, ils peuvent simplifier considérablement des processus industriels, réduisant le nombre d'étapes et raccourcissant les durées de traitement.

Par exemple dans l'industrie textile : « Pour que les fibres textiles soient plus résistantes et qu'elles ne se rompent pas pendant le tissage, elles sont généralement encollées, c'est-à-dire enduites avec de l'amidon. Après le tissage, l'amidon doit être éliminé pour que les teintures et les impressions prennent sur le tissu. Cette opération peut être effectuée par un traitement du tissu avec des produits chimiques puissants, tels des acides, des bases ou des agents oxydants. Depuis plusieurs années, les enzymes nommées amylases sont utilisées en raison de leur efficacité et de leur spécificité : elles éliminent complètement l'apprêt d'amidon, sans aucun effet indésirable sur le vêtement. Les amylases catalysent la réaction d'hydrolyse de l'amidon : parce qu'elles diminuent l'énergie qu'il faut fournir au système pour que la réaction ait lieu, elles facilitent la réaction de désencollage et l'accélèrent. Jusqu'à présent, on utilisait des amylases bactériennes classiques. Les amylases thermorésistantes réduisent la durée de l'étape d'hydrolyse de l'amidon à moins d'une minute, tandis qu'il faut une à quatre heures avec les autres amylases[1]. »

Dans l'industrie papetière, on a trouvé des enzymes de blanchiment capables d'opérer à 70 °C dans des milieux très basiques, permettant ainsi de réduire notablement l'utilisation de chlore. Dans l'industrie alimentaire, l'utilisation d'alpha-amylase tirée d'une bactérie thermophile permet de réduire l'hydrolyse de l'amidon à une seule étape. Habituellement, plusieurs étapes sont nécessaires, mettant en jeu plusieurs enzymes : des amylases, des protéases, des hémicellulases, des amyloglucocidases, etc. Dans l'industrie pharmaceutique, des biochimistes de la société Cetus ont extrait une ADN-polymérase de la bactérie thermophile *Thermus aquati-*

1. Yannick Gueguen, Jacques Dietrich, « Textiles et enzymes de l'extrême », *Pour la Science*, n° 266, décembre 1999.

cus. Elle est maintenant utilisée dans le monde entier. Elle sert à l'amplification du matériel génétique pour l'étude notamment des empreintes génétiques. Les enzymes d'extrémophiles ont de beaux jours devant eux car les recherches ne font que débuter.

Bactéries source d'énergie

Dans les laboratoires de la planète, les premières biopiles commencent à voir le jour. Dans dix ans, ces piles qui utilisent des bactéries manipulées remplaceront les piles chimiques pour nous fournir de l'électricité. Demain, il est fort probable aussi que les bactéries produiront une nouvelle source d'énergie. C'est en tout cas le rêve de l'Américain John Craig Venter.

Ce scientifique a fait parler de lui dans les années 1990 en inventant une nouvelle technique de recherche des gènes. Il a été le premier à séquencer dans son institut privé le génome complet d'une bactérie, et sur sa lancée, il s'est attaqué au séquençage du génome humain qu'il a achevé en 2001. Aujourd'hui, un autre grand projet lui tient à cœur. Un projet fou, un rêve, la fabrication d'une bactérie artificielle destinée à produire de l'énergie : « Ce que je veux ? C'est un organisme qui n'ait aucune distraction, qui se consacre entièrement à sa tâche[1]. » L'enjeu est si considérable que le Département de l'énergie américain a débloqué 12 millions de dollars pour l'aider.

Les microbes participent déjà aux énergies alternatives par le biais de la méthanisation. Les bactéries

1. « Des bactéries pour produire de l'énergie », *Science et vie*, août 2003.

méthanogènes servent à fabriquer du méthane industriel. Pour le chercheur américain, l'idée n'est pas de produire sur une grande échelle du gaz méthane mais de l'hydrogène, un gaz beaucoup plus écologique, en fait l'énergie rêvée de l'économie verte. L'hydrogène n'induit aucune pollution puisque le résultat de sa combustion avec l'oxygène est tout simplement de l'eau. Hélas, aucun procédé simple ne permet de réaliser l'opération inverse, c'est-à-dire extraire l'hydrogène de l'eau. On connaît certaines cyanobactéries capables de le faire avec comme source d'énergie la lumière. Mais le rendement est médiocre car ce n'est pas leur tâche exclusive. L'organisme capable de réaliser cette tâche à 100 % n'existe pas dans la nature. Craig Venter a décidé de l'inventer : une bactérie artificielle avec très peu de gènes uniquement occupée à extraire l'hydrogène de l'eau par photosynthèse. Cette bactérie agirait comme une plante, elle absorberait en outre le gaz carbonique de l'atmosphère, contribuant ainsi à résorber l'effet de serre.

Pour la fabriquer, Craig Venter est parti à la recherche des micro-organismes vivants dans les mers du globe. Pour la petite histoire, il s'est même intéressé au fameux triangle des Bermudes, siège selon lui d'une intense activité bactérienne. Dans cette aventure, des centaines de nouvelles bactéries ont été découvertes et leur génome séquencé. Les informations ont été enregistrées dans des banques de données informatiques. Reste à sélectionner les gènes utiles à la future bactérie artificielle. Une fois le cocktail idéal trouvé, il suffira d'introduire le chromosome de synthèse dans une bactérie vidée de son chromosome naturel et de la faire se multiplier. Pour éviter toute fuite et contamination, Craig Venter a prévu de rendre sa petite vie artificielle dépendante d'une molécule qu'elle ne trouvera que dans son bioréacteur. Mais de l'idée à la réalisation, les obstacles ne manquent pas. Malgré tout, le chercheur américain reste confiant : « Mes bactéries pourraient sauver le monde », annonce-t-il.

À quoi cela nous fait réfléchir

Plus que les robots, les bactéries sont les véritables ouvrières de demain. Manipulées ou non, elles nous aident aujourd'hui sans se plaindre en accomplissant sagement les tâches qu'on leur confie. Mais attention, ce ne sont pas des machines. Les bactéries sont des êtres vivants et devraient être utilisées dans le cadre d'une éthique de vie. Beaucoup pensent que, manipulées ou naturelles, les petites vies n'appartiennent à personne ou doivent appartenir à tous. Le nettoyage auquel elles semblent destinées à se prêter s'accompagnera-t-il d'une mutation psychologique de l'espèce humaine ? Elle serait peut-être plus utile qu'une énième appropriation privée du milieu naturel. Intégrer les petites vies – et leurs dons immenses – dans une nouvelle définition des biens communs de l'humanité, comme source de bienfaits pour tous et ne pouvant faire l'objet d'aucune visée mercantile, serait peut-être plus efficace que la compétition économique, auquel ce nettoyage n'apporte guère d'intérêt. Ce rêve ne déplairait sans doute pas aux bactéries, elles qui jadis, pour fabriquer un autre monde, ont su mettre en commun leurs talents et leur imagination.

Épilogue

Fuite en avant

Imaginez que les bactéries viennent effectivement de l'espace. Peut-être furent-elles lancées par des intelligences extraterrestres en mal de création ? Dans les cartons de nos instituts spatiaux, les projets pour terraformer de nouvelles planètes attendent leur heure. Un jour, les scientifiques leur donneront vie. Ils enverront une série de sondes dans l'espace avec des cocktails de micro-organismes destinés à ensemencer et à terraformer la Lune, Mars ou des planètes extrasolaires, donnant raison à la théorie panspermiste. La boucle sera alors bouclée.

Mais quelle boucle ?

Partiront-elles comme une bouteille à la mer signalant le naufrage que nous aurons nous-mêmes causé – l'époque nous le fait tant craindre ! – ou comme une arche d'alliance avec l'univers dont nous sommes issus ? Dans un cas comme dans l'autre, elles iront de l'avant, feront tout le travail évoqué dans ce livre, pour que peut-être, au bout du compte, des êtres se disant supérieurs les découvrent, les craignent puis les manipulent et relancent la balle – écrivant même un livre pour les réhabiliter. Ne serait-il pas temps, dès maintenant, de renouer le lien avec cet élan vital – et les bactéries qui le symbolisent si parfaitement – plutôt que de le détourner ou de nous l'approprier par des moyens trop mécaniques ? Avant qu'une armée de bactéries nécrophages rongent nos chairs et que nous rendions à la vie le corps qu'elle nous a donné, il reste amusant d'en extraire au mieux la « substantifique moelle », avec joie comme Rabelais nous y invitait. N'est-ce pas l'espérance que portent en elles les bactéries ?

Remerciements

Les auteurs remercient Patrice Van Eersel et Christian Sanchez, docteur ès sciences en micro-biologie, dont l'amitié pour les bactéries a permis à ce livre d'exister.

Table

Des mêmes auteurs

Nos pensées créent le monde, Robert Laffont, 1994, réédité en 2003 par JMG éditions.
Dans la lumière d'un cristal, avec Luce Grimaud, Robert Laffont, 1995, réédité en 2003 par JMG éditions.

De Martine Castello

L'aventure d'Ariane, Larousse, 1987.
La conspiration des étoiles, avec Isabelle Blanc et Philippe Chambon, Robert Laffont, 1991, réédité en 2004 par JMG éditions.
Les éphémères, avec Jean-Pierre Salzman, Robert Laffont.

De Vahé Zartarian

Le renseignement stratégique au service de votre entreprise, avec Charles Hunt, éditions First, 1990.
Le Jeu de la Création, éditions Les 3 Monts, 1997.
L'esprit dans la matière, Georg, Genève, 1998.
Cybermondes, où tu nous mènes, Grand Frère, avec Émile Noël, Georg, Genève, 2000.
Vers l'Homme de demain, 2001, ouvrage disponible en téléchargement sur internet selon le principe du shareware : http://co-creation.net
Quelle langue parlaient nos ancêtres préhistoriques ?, avec Marcel Locquin, Albin Michel, 2002.
Les grandes civilisations, Occident, Islam, Chine, Inde, un parallèle, Georg, Genève, 2003.
Musiques de notes, musiques de sons, 2004, disponible en téléchargement sur le site internet de l'auteur : http://co-creation.net (un grand nombre d'articles rédigés pour diverses revues sont également disponibles sur ce site).

Dans la même collection

Le livre de l'essentiel, I et II
collectif

Le livre des dauphins et des baleines
Brigitte Sifaoui

La mutation du futur
Colloque de Tokyo

Et le divin dans tout ça ?
entretien de Jean E. Charon avec Erik Pigani

Le secret d'Abou Simbel
Le chef-d'œuvre de Ramsès II décrypté
François Xavier Héry

Le cercle de vie
Initiation chamanique d'une psychothérapeute
Maud Séjournant

Le rire du sacré
Jean-Claude Marol

La source du bonheur est dans votre cerveau
Christian Boiron

Réapprivoiser la mort
Avènement des soins palliatifs en France
Patrice Van Eersel

Le Cercle des Anciens
P. Van Eersel / A. Grosrey

Sans les animaux, le monde ne serait pas humain
Karine Lou Matignon

L'avenir de l'esprit
entretiens de Thierry Gaudin
avec François L'Yvonnet

Qui croyez-vous être ?
Dr Carlos Warter

Le grand livre des rêves
Roger Ripert, Sylvain Michelet, Nicolas Maillard

Le chemin des Neuf Mondes
et *Kogis. Le réveil d'une civilisation précolombienne*
Eric Julien

Enquête sur la réincarnation
ouvrage collectif

Chamanes au fil du temps
Jeremy Narby et Francis Huxley

Quelle langue parlaient nos ancêtres préhistoriques ?
Marcel Locquin et Vahé Zartarian

J'ai mal à mes ancêtres !
La psychogénéalogie aujourd'hui
Catherine Maillard et Patrice Van Eersel

Les Cévennes, rêve planétaire
Marie-Joséphine Grojean

Les amoureux du pôle
Arnaud Tortel

Amour, sexe et spiritualité
ouvrage collectif

Imprimé par Lightning Source France
1 avenue Gutenberg
78310 Maurepas

N° d'édition : 226-39297-Y

www.ingramcontent.com/pod-product-compliance
Lightning Source LLC
Chambersburg PA
CBHW071442230926
51846CB00001B/313
9782226392978